应用型本科院校"十二五"规划教材/石油工程类

主编 赵子刚

石油工程实验

Experiment for Petroleum Engineering

哈尔滨工业大学出版社

内容简介

本书作为石油工程专业的实验教材,内容包括油层物理、渗流力学、工程流体力学学科基础实验与油气井工程、采油工程的学科专业部分实验。全书共五章,并配有教学大纲规定应掌握内容的思考题和习题。本书重点介绍了每个实验的目的、意义、内容、基本原理和方法。根据典型油田的现场情况,理论联系实际,同时保持了实验理论的系统性和完整性,在实用性方面有所创新。本书除可作为石油工程专业与相关专业的实验教材外,还可供油田有关工程技术人员参考。

图书在版编目(CIP)数据

石油工程实验/赵子刚主编. —哈尔滨:哈尔滨
工业大学出版社,2012.4(2014.1重印)
应用型本科院校"十二五"规划教材
ISBN 978-7-5603-3557-5

Ⅰ.①石…　Ⅱ.①赵…　Ⅲ.①石油工程-实验-高等学
校-教材　Ⅳ.①TE-33

中国版本图书馆 CIP 数据核字(2012)第 058498 号

策划编辑　刘　瑶　赵文斌　杜　燕
责任编辑　刘　瑶
出版发行　哈尔滨工业大学出版社
社　　址　哈尔滨市南岗区复华四道街 10 号　邮编 150006
传　　真　0451-86414749
网　　址　http://hitpress.hit.edu.cn
印　　刷　黑龙江省地质测绘印制中心印刷厂
开　　本　787mm×1092mm　1/16　印张 7　字数 153 千字
版　　次　2012 年 4 月第 1 版　2014 年 1 月第 2 次印刷
书　　号　ISBN 978-7-5603-3557-5
定　　价　20.00 元

序

哈尔滨工业大学出版社策划的《应用型本科院校"十二五"规划教材》即将付梓,诚可贺也。

该系列教材卷帙浩繁,凡百余种,涉及众多学科门类,定位准确,内容新颖,体系完整,实用性强,突出实践能力培养。不仅便于教师教学和学生学习,而且满足就业市场对应用型人才的迫切需求。

应用型本科院校的人才培养目标是面对现代社会生产、建设、管理、服务等一线岗位,培养能直接从事实际工作、解决具体问题、维持工作有效运行的高等应用型人才。应用型本科与研究型本科和高职高专院校在人才培养上有着明显的区别,其培养的人才特征是:①就业导向与社会需求高度吻合;②扎实的理论基础和过硬的实践能力紧密结合;③具备良好的人文素质和科学技术素质;④富于面对职业应用的创新精神。因此,应用型本科院校只有着力培养"进入角色快、业务水平高、动手能力强、综合素质好"的人才,才能在激烈的就业市场竞争中站稳脚跟。

目前国内应用型本科院校所采用的教材往往只是对理论性较强的本科院校教材的简单删减,针对性、应用性不够突出,因材施教的目的难以达到。因此亟须既有一定的理论深度又注重实践能力培养的系列教材,以满足应用型本科院校教学目标、培养方向和办学特色的需要。

哈尔滨工业大学出版社出版的《应用型本科院校"十二五"规划教材》,在选题设计思路上认真贯彻教育部关于培养适应地方、区域经济和社会发展需要的"本科应用型高级专门人才"精神,根据黑龙江省委书记吉炳轩同志提出的关于加强应用型本科院校建设的意见,在应用型本科试点院校成功经验总结的基础上,特邀请黑龙江省9所知名的应用型本科院校的专家、学者联合编写。

本系列教材突出与办学定位、教学目标的一致性和适应性,既严格遵照学科体系的知识构成和教材编写的一般规律,又针对应用型本科人才培养目标及与之相适应的教学特点，精心设计写作体例，科学安排知识内容，围绕应用讲授理论，做到"基础知识够用、实践技能实用、专业理论管用"。同时注意适当融入新理论、新技术、新工艺、新成果，并且制作了与本书配套的PPT多媒体教学课件，形成立体化教材，供教师参考使用。

《应用型本科院校"十二五"规划教材》的编辑出版，是适应"科教兴国"战略对复合型、应用型人才的需求，是推动相对滞后的应用型本科院校教材建设的一种有益尝试，在应用型创新人才培养方面是一件具有开创意义的工作，为应用型人才的培养提供了及时、可靠、坚实的保证。

希望本系列教材在使用过程中，通过编者、作者和读者的共同努力，厚积薄发、推陈出新、细上加细、精益求精，不断丰富、不断完善、不断创新，力争成为同类教材中的精品。

黑龙江省教育厅厅长

前　言

　　《石油工程实验》是严格按照石油工程专业本科生培养目标和实验教学大纲所要求的内容编写的必修课专用教材。书中所设置的实验内容是本专业培养高级工程技术人才不可缺少的知识。这些实验对培养本专业学生的工程技术技能,对提高学生的分析问题与解决问题的能力有着十分重要的意义。学习这些实验是每个石油工程专业学生的重要任务,也是完成本专业培养目标的实际训练的重要环节之一。

　　众所周知,实验课是重要的实践教学环节之一。有些知识是书本中所学不到的。学生通过实验了解并进一步认识油气储层、油气性质及对储层流体的运动规律的认识,更具有说服力;掌握实验的技能与技巧,不仅能提高学生的认知水平和培养学生的分析能力,而且能进一步使学生激发学习本专业的兴趣。实验对于培养学生的观察能力、分析问题和解决问题的能力以及提高教学质量,起着举足轻重的作用。

　　本书设置的实验是石油工程专业本科生必做的。第 1 章油层物理实验,重点介绍了储层岩石、流体的基础实验;第 2 章渗流力学实验,着重介绍了达西定律和储层流体的运动规律;第 3 章工程流体力学实验,重点介绍了流体沿程阻力和局部阻力综合性实验;第 4 章油气井工程实验,重点介绍了岩石硬度与塑性、可钻性和钻井液基本参数、油井水泥应用性能等实验;第 5 章采油工程实验,重点介绍了自喷与气举采油、游梁式深井泵采油和水力压裂电模拟实验。

　　本书由丰富经验并长期从事石油工程教学的一线教师编写。本书第 1 章第 1 节至第 4 节由张国芳编写,第 5 节和第 6 节由杨昭编写,第 7 节和第 8 节由郑洲编写;第 2 章第 1 节由杨昭编写,第 2 节和第 3 节由王福平编写;第 3 章第 1 节和第 2 节由李岳祥编写,第 3 节和第四节由王瑞编写;第 4 章第 1 节和第 2 节由李岳祥编写,第 3 节和第 4 节由王瑞编写;第 5 章第 1 节和第 2 节由郑洲编写,第 3 节由赵子刚编写。全书由东北石油大学赵子刚教授统稿。本书在编写过程中得到东北石油大学龙安厚、孙学增教授,以及东北石油大学华瑞学院王永辉、王晓峰、彭存哲等老师的大力支持和指导,在此一并表示感谢。

　　由于编写时间仓促及编者水平所限,希望读者对本书提出宝贵意见。

编　者

2012 年 3 月

目　录

第 1 章

油层物理实验

1.1　岩石孔隙度测定实验

岩石的孔隙度指岩石的孔隙体积与岩石的外表体积之比。它是衡量岩石物性好坏的一个非常重要的参数。

孔隙度分为有效孔隙度和绝对孔隙度。岩样有效孔隙度的测定一般是先测出岩样的骨架体积或孔隙体积，再测出岩样的外表体积，即可计算出岩样的有效孔隙度。

常用的孔隙度测定方法有气体法、煤油法、加蜡法 3 种，本节只介绍前两种方法。

1.1.1　气体法

1. 实验目的

(1)掌握测定岩石孔隙度、骨架体积及岩石外表体积的原理。

(2)学会使用气体法测定岩石孔隙度。

(3)掌握气测孔隙度的流程和操作步骤。

2. 实验原理

气体法孔隙度测定原理是利用气体玻义耳定律进行测定的。根据玻义耳定律，在恒定温度下，岩心室一定，放入岩心室岩样的固相(颗粒)体积越小，则岩心室中气体所占体积越大，与标准室连通后，平衡压力越低；反之，当放入岩心室内的岩样的固相体积越大，则平衡压力越高。根据平衡压力的大小就可测得岩样的固相体积。

其原理示意图如图 1.1 所示。

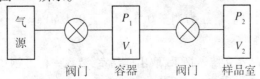

图 1.1　气体法孔隙度测定原理示意图

若容器的体积为 V_1,样品室体积为 V_2。在样品室中放一体积为 V_x 的钢块。容器中充满压力为 P_1 的气体,样品室压力为大气压。打开阀门,容器与样品室连通。压力平衡后,整个系统的压力为 P_x。根据玻义耳－马略特定律,有

$$P_1 V_1 = P_x (V_1 + V_2 - V_x) \tag{1.1}$$

整理式(1.1),得

$$V_x = V_1 + V_2 - P_1 V_1 \frac{1}{P_x} \tag{1.2}$$

即放入样品室的钢块体积 V_x 与 $1/P_x$ 呈线性关系。

样品室中放置不同体积的钢块,可得到钢块体积与系统压力的关系曲线,称为标准曲线。然后将样品室中的钢块换成待测岩心,可得到连通后系统压力。根据此压力从标准曲线上可查到对应的体积,即为岩心的骨架体积。通过其他测量手段,可以测出岩心的视体积,从而求出岩心孔隙度 ϕ。

3. 实验仪器

气体孔隙度测定仪如图 1.2 所示,主要由容器、样品室夹持器、调压阀、气源阀、供气阀、样品阀、放空阀和压力表等组成。

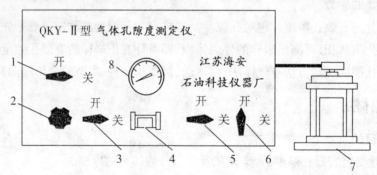

图 1.2 气体孔隙度仪

1—气源阀;2—调压阀;3—供气阀;4—容器;5—样品阀;

6—放空阀;7—样品室夹持器;8—压力表

4. 操作步骤

(1)逆时针旋转气瓶阀门,打开气瓶开关(注意:打开气瓶开关前,除放空阀外,其他阀门均处于关闭状态)。

(2)顺时针旋转减压阀开关,气瓶出口压力调至 1 MPa 左右。

(3)打开气源阀和供气阀。

(4)顺时针旋转调压阀,将压力调至 0.3 MPa 至 0.4 MPa。

(5)关闭供气阀。

(6)逆时针旋转样品室夹持器把手,取出样品室,装入一标准钢块(共有 4 个标准钢块,厚度分别为 1″、(1/2)″、(3/8)″、(1/8)″,将样品室装入夹持器,顺时针旋紧夹持器把手。

（7）关闭放空阀，打开样品阀，使容器与样品室连通，记录钢块体积和系统压力。

（8）打开放空阀，关闭样品阀，更换钢块。

（9）打开供气阀，然后关闭。

重复步骤（5）～（8），得到不同钢块体积所对应的系统压力，绘制钢块体积与系统压力关系曲线。

（10）将待测岩心放入样品室，测量所对应的系统压力 P_s，然后从标准曲线上查出所对应的横坐标值，即为岩心的骨架体积 V_s。

（11）利用游标卡尺测量岩心直径和长度，计算岩心视体积 V_f。

（12）关闭气瓶开关，将所有物品放回原位，实验完毕。

5. 数据记录及数据处理

（1）数据记录（表 1.1）。

岩心直径：＿＿＿＿＿＿＿＿；岩心长度：＿＿＿＿＿＿＿＿。

表 1.1　实验数据记录表

序号	1	2	3	4	5	6	7	8	岩心
钢块体积/ cm³									
系统压力/MPa									

（2）数据处理。

根据表 1.1 中的数据绘制钢块体积与系统压力的关系曲线，从曲线上读出岩心的骨架体积。

岩心孔隙度：
$$\phi = \frac{V_f - V_s}{V_f} \times 100\%$$
(1.3)

6. 注意事项

此实验受温度压力的影响，故测完校准曲线后，紧接着做待测样品实验。

1.1.2　煤油法

由孔隙度的定义可知，要想测量孔隙度的大小，只需测量出岩石的孔隙体积与外表体积即可。

煤油法就是利用该原理来测定岩石孔隙度的。首先取一干岩样称重，其质量用 W_1 表示。再将干岩样抽真空再添充饱和煤油，并将饱和煤油的岩样在空气中称重，其质量用 W_2 表示，$W_2 - W_1$ 就是孔隙中煤油的质量，再将它除以煤油的密度就可得到煤油的体积，也就是岩样的有效孔隙体积。将饱和煤油的岩样悬挂于煤油中称重，其质量用 W_3 表示，空气中的质量与在煤油中的质量差 $W_3 - W_2$，除以煤油的密度，即为岩样的视体积（外表体积）。

岩样的有效孔隙体积除以岩样的视体积即得到岩样的有效孔隙度。

1.1.3 思考题

1. 简述储层岩石孔隙度的定义及分类。
2. 简述气体法测岩石孔隙度主要的仪器、结构及原理。
3. 简述煤油法测岩石孔隙度的操作步骤。

1.2 岩石绝对渗透率的测定

渗透率是衡量岩心允许流体通过能力的指标。测定岩心渗透率通常以干燥的氮气为标准气体。

对岩性均匀、胶结程度好的坚硬岩心，应制成一定形状的岩样；对胶结性差、易碎岩样，应用塑料、锡箔或其他方法进行封装，加以支撑保护，然后再进行测定。常用的渗透率测定方法有两种：流量计法及流量管法。本书介绍的是流量计法。

1.2.1 实验目的

(1)掌握岩石渗透率测定原理、方法及所使用的仪器。
(2)掌握克氏渗透率的测定方法。

1.2.2 实验原理

气体以一定流速通过岩样时，在岩样两端建立压差，根据岩样两端的压差和气体的流速，利用达西定律即可求出岩样的渗透率，即

$$K = \frac{\mu Q_a P_a L}{5A(P_1^2 - P_2^2)} \tag{1.4}$$

式中　Q_a——绝对大气压时气体流量，cm^3/s；

　　　A——岩样截面积，cm^2；

　　　L——岩样长度，cm；

　　　μ——气体黏度，$mPa \cdot s$；

　　　P_a，P_1，P_2——分别为大气压力、岩样上游及下游压力，MPa；

　　　K——渗透率，μm^2。

1.2.3 仪器设备

气体渗透率测定仪如图 1.3 所示。其主要由岩心夹持器、环压表、上游压力表、气体流量计放空阀、放空阀、环压阀、气源阀和调压阀等组成。

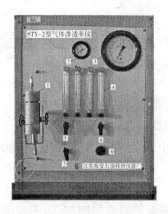

图 1.3 气体渗透率测定仪

1—岩心夹持器；2—环压表；3—上游压力表；4—气体流量计；
5—放空阀；6—环压阀；7—气源阀；8—调压阀

1.2.4 操作步骤

记录下列数据：岩心编号、长度、直径。

（1）将最大量程流量计打开，其他关闭（注意：先开后关）。

（2）慢慢转动岩心夹持器上的左右手轮，取出夹持器下方堵头，将岩心装入岩心夹持器，装好堵头，并旋紧手轮。

（3）慢慢打开环压阀，将环压调至 1.0 mPa 左右。

（4）打开气源阀。

（5）顺时针旋转调压阀，同时密切观察上游压力表指针和流量计浮子读数变化。

随着压力的增加，若浮子上升太快，降低上游压力至零（逆时针旋转调压阀），更换较大流量计（注意：先开后关）；若浮子上升太慢或没有反应，则降低压力至零，更换较小流量计，重新加压。

（6）待压力和流量稳定后，记录上游压力 P_1 和流量 Q_a 值。

（7）实验结束后，先降低上游压力至零（逆时针旋转调压阀），然后缓慢打开放空阀。

（8）待环压表指示为零时，取出岩心。

（9）整理仪器，实验结束。

1.2.5 思考题

1. 简述用流量计法测岩石绝对渗透率的原理。

2. 简述流量计法测岩石绝对渗透率的步骤。

3. 简述流量计法测岩石绝对渗透率的仪器、结构及原理。

1.3 常压干馏法测定岩心流体饱和度

1.3.1 实验目的

(1)巩固和加深油、水饱和度的概念。

(2)掌握干馏仪测定岩心中油、水饱和度的原理及方法。

1.3.2 实验原理

把含有油、水的岩样放入钢制的岩心筒内加热,通过电炉的高温将岩心中的油、水变为油、水蒸气蒸出,通过冷凝后变为液体收集于量筒中,读出油、水体积,查原油体积校正曲线,得到校正后的油体积,求出岩样孔隙体积,计算油、水饱和度,即

$$S_o = \frac{V_o}{V_p} \times 100\%$$ (1.5)

$$S_w = \frac{V_w}{V_p} \times 100\%$$ (1.6)

1.3.3 仪器设备

BD – Ⅰ型饱和度干馏仪,如图1.4所示。它主要由温度传感器、岩心筒、岩心筒加热炉、管式加热炉托架、冷凝器、测温管和岩心筒盖等组成。

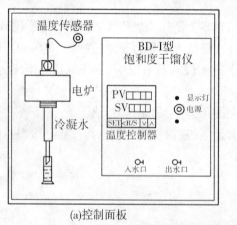
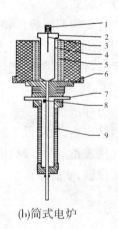

(a)控制面板　　　　　　　　(b)筒式电炉

图1.4　BD – Ⅰ型饱和度干馏仪

1—温度传感器插孔;2—岩心筒盖;3—测温管;4—岩心筒;5—岩心筒加热炉;
6—管式加热炉托架;7—冷凝水出水孔;8—冷凝水进水孔;9—冷凝器

1.3.4　操作步骤

（1）精确称量饱和油水岩样的质量（100～175g），将其放入干净的岩心筒内，上紧上盖；

（2）将岩心筒放入管状立式电炉中，使冷水循环，将温度传感器插杆装入温度传感器插孔中，把干净的量筒放在仪器出液口的下面；

（3）然后打开电源开关，设定初始温度为120℃，记录不同时间蒸出的水的体积；

（4）当量筒中水的体积不再增加时（约20 min），把温度设定为300℃，继续加热20～30 min，直至量筒中油的体积不再增加，关上电源开关，5 min后关掉循环水，记录量筒中油的体积读值；

（5）从电炉中取出温度传感器及岩心筒，待稍凉一段时间后打开上盖，倒出其中的干岩样称重并记录。

为了补偿在干馏中因蒸发、结焦或裂解所导致的原油体积读值的减少，应通过原油体积校正曲线对蒸发的原油体积进行校正。

根据蒸出的水量－时间关系（图1.5），对水的体积进行校正（曲线初始平缓段对应的水量，图1.6）。

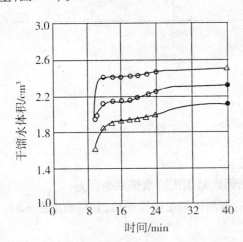
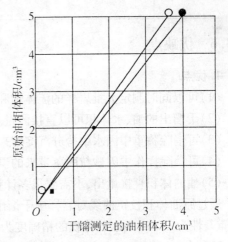

●为原油，相对密度为0.855　　　　　　　　○为原油，相对密度为0.979

图 1.5　干馏出水量与时间的关系图　　　　图 1.6　原油体积校正曲线

1.3.5　数据处理

按下式分别计算含水和含油饱和度，即

$$S_o = \frac{V_o}{\frac{m \times \phi}{\gamma_y}} \times 100\% \tag{1.7}$$

$$S_w = \frac{V_w}{\dfrac{m \times \phi}{\gamma_y}} \times 100\% \tag{1.8}$$

式中 S_o——含油饱和度,%;

S_w——含水饱和度,%;

V_o——校正后的油量,ml;

V_w——干馏出的水量,ml;

ϕ——岩样孔隙度;

γ_y——岩样视密度,g/cm³;

m——干馏后岩样的质量,g。

油水饱和度测度原始记录表见表1.2。

表1.2 油水饱和度测定原始记录表

岩样孔隙度 /%	岩样视密度 /(g·cm⁻³)	干馏后岩样质量 /g	干馏出的水量 /ml	干馏出的油量 /ml	校正后的油量 /ml

1.3.6 优缺点

1. 优点

(1)可以同时测定大批岩样的流体饱和度。

(2)干馏出的油、水体积可以直接测量。

(3)可消除称重中因水中盐分沉淀带来的误差。

(4)可消除操作中因砂粒脱落带来的误差。

(5)油的体积直接量出,不需要很多计算,因此减少因称重带来的误差。

通过原油体积校正曲线对岩样中干馏出的石油体积加以校正后,其精确度在±5%以内,重复性为±2%;而水的体积的精确度为2.5%。

2. 缺点

(1)为了获得精确结果,每个地层均需绘制水的校正曲线。

(2)对含黏土矿物的岩样,由于难以正确地确定束缚水的干馏时间,所测出的含水饱和度的精确性较差。

(3)需要绘制原油体积校正曲线。

1.3.7 思考题

1. 简述常压干馏法测定岩心流体饱和度的基本原理。

2. 简述用常压干馏法测定岩心流体饱和度产生误差的主要因素。

3. 岩心称重时的注意事项主要有哪些?

1.4　岩石比表面积的测定

岩石比表面积(简称比面)有 3 种定义方法:

(1)单位视体积岩石中颗粒的总表面积(S);

(2)单位骨架体积岩石中颗粒的总表面积(S_d);

(3)单位孔隙体积岩石中颗粒的总表面积(S_p)。

以上这 3 种定义方法存在以下关系,即

$$S = S_d(1 - \phi) = S_p\phi \tag{1.9}$$

下面测定的是第一种定义中的比表面积 S。

1.4.1　实验目的

(1)掌握比表面积的测定方法及所用仪器。

(2)利用比表面积仪测定渗透率。

1.4.2　测定原理

测定所依据的公式

$$S = 14\sqrt{\phi^3} \cdot \sqrt{\frac{A}{L}} \cdot \sqrt{\frac{H}{Q}} \cdot \sqrt{\frac{1}{\mu}} \tag{1.10}$$

式中　ϕ——岩样的孔隙度;

　　　A——岩样截面积,cm^2;

　　　L——岩样长度,cm;

　　　μ——室温下空气的黏度,MPa·S;

　　　H——空气通过岩心稳定后的压差,厘米水柱;

　　　Q——通过岩心的空气流量,cm^3/s。

从公式(1.10)不难看出,当孔隙度已知,A 和 L 可以直接量出,μ 由查表得到后,只要通过压力计测得空气通过岩样的压差 H 和相应的流量 Q,便可算出岩样的比表面积。

1.4.3　仪器设备

岩石比面仪主要由岩心夹持器、压差计和水罐组成。测定时打开排水开关,水从水罐中流出,罐内压力降低,空气经过岩样进入水罐内,待压差计两侧的水柱高度差不变时,进入水罐的空气体积等于排出水的体积。测定相应压差下水的体积流速,便可按公式(1.10)计算出岩样的比表面积。

比表面积测定原理图如图 1.7 所示。

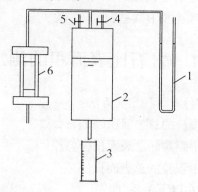

图 1.7　比面测定示意图

1—U 型压力计;2—唧筒;3—量筒;4—放空阀;5—加水阀;6—岩心夹持器

1.4.4　操作步骤

(1)烘干岩样;

(2)用游标卡尺测量岩样的长度和直径,算出岩样的截面积;

(3)打开放空开关和注水开关,向水罐内加水,大约加水罐的 2/3 即可,关闭放空开关和注水开关;

(4)将岩样放入岩心夹持器中,关闭环压放空阀,打开环压阀,加 0.7 MPa 至 1.4 MPa 的环压;

(5)慢慢打开排水开关,开始流量控制得小一些,待压差计两端的压差稳定在某一高度后,利用秒表和量筒测量水流出的体积流速,记录水柱高度差和水的体积流速;

(6)增大水的流速,用同样的方法至少测定 3 组数据(注意:流量应从小到大变化);

(7)关上排水开关,实验完毕。

1.4.5　数据记录及数据处理

1. 数据记录(表 1.3)

岩心直径:_____;岩心长度:_____。

表 1.3　实验数据记录表

序号	1	2	3
记录时间/s			
水的体积/cm³			
压差计水柱高度/cm			
比表面积/(cm² · cm⁻³)			

2. 数据处理

计算单位时间内流出的水量 Q，将 Q 和相应的 H 代入公式(1.10)，计算出岩样的比表面积。3 次实验结果求算术平均值，得到岩心的比表面积。

1.4.6　思考题

1. 测定岩石比面积有哪些实际意义？
2. 一般中等渗透率的储层岩石比面积约为多少？低渗透储层呢？
3. 简述比面积测定的操作步骤。

1.5　储层岩石碳酸盐含量的测定

岩石中的碳酸盐含量是研究沉积环境的一个重要参数，是研究油层的对比标志，碳酸盐含量的多少还对岩石的其他物理性质，如孔隙度、渗透率等有很大的影响，因此，碳酸盐含量也是评价储层性能的一个重要参数。另外，研究油气藏岩石中的碳酸盐含量对于制定油气层的增产措施(如酸处理)，也有着十分重要的作用。

油气藏岩石的碳酸盐含量是指岩石中碳酸盐的总含量，碳酸盐主要是钠盐(Na_2CO_3)、钾盐(K_2CO_3)、石灰岩($CaCO_3$)、白云岩($CaCO_3 \cdot MgCO_3$)和菱铁矿($FeCO_3$)等。

常用的碳酸盐含量的测定方法有两种：压力法和体积法，即一定量的岩石粉末跟足量的盐酸进行分解反应，记录所产生的二氧化碳的体积或压力，从而计算出岩石中碳酸盐的含量。由于碳酸钙在岩石中分布最广，并且是上述盐类的主要部分，所以测量碳酸盐含量时，可以折算成等价的碳酸钙的量。下面主要介绍压力法和体积法。

1.5.1　压力法

1. 实验目的

(1)了解压力法测定岩石碳酸盐含量的原理。

(2)熟悉仪器结构及其测定方法。

2. 实验原理

$$CaCO_3 + 2HCl =\!=\!= H_2O + CO_2 \uparrow + CaCl_2$$

从上面的化学反应方程式可以看出，样品中碳酸盐含量与所产生的二氧化碳量成正比。当反应容器体积一定时，二氧化碳量与容器压力成正比。根据容器中二氧化碳压力便可求出碳酸盐含量。

3. 仪器设备

碳酸盐含量测定仪如图 1.8 所示。

4. 操作步骤

(1)打开电源开关，预热半小时。

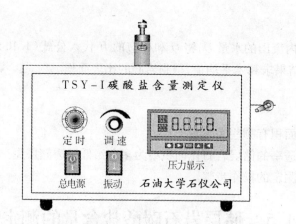

图 1.8 压力法碳酸盐含量测定仪

（2）测定标准 $P-W$ 关系曲线。

①称取纯碳酸钙 0.1 g 左右，放入样品伞；

②将样品控制开关置于"ON"位置，将放有样品的样品伞插入反应杯盖下方的小孔中；

③用滴定管取 10% 的稀盐酸 10 ml，放入反应杯中，将反应杯旋入反应杯盖；

④关闭放空阀，记录初始压力显示值 P_1；

⑤将投样控制开关置于"OFF"位置，使样品伞落下，打开震动开关，顺时针旋转调速旋钮到合适的震动速度；

⑥观察压力显示，当压力稳定时，记录压力值 P_2；

⑦将调速旋钮逆时针旋转至 0，关闭震动开关，打开放空阀；

⑧取下反应杯，清洗反应杯和样品伞；

⑨再分别称取约 0.2 g、0.3 g、0.4 g、0.5 g 纯碳酸钙，重复步骤②~⑧；

⑩绘制压力 $P(P=P_1-P_2)$ 与样品质量关系曲线。

（3）测定实际样品中碳酸钙含量。

称取 0.5 g 实际样品放入样品伞，重复（2）的②~⑧，根据测得的压力 P，由 $P-W$ 曲线查得样品中碳酸钙含量。

5. 数据记录及数据处理

（1）数据记录（表 1.4）。

初始压力：＿＿＿＿＿＿＿＿＿；实际样品质量：＿＿＿＿＿＿＿＿＿。

表 1.4 不同质量纯碳酸钙及其对应压力

序号	1	2	3	4	5	样品
纯碳酸钙质量/g						
压力/kPa						

（2）数据处理。

绘制纯碳酸钙压力与样品质量关系曲线，然后根据实际样品反应压力在曲线上查出实际样品中所含碳酸钙的质量,再计算碳酸钙含量。

6. 注意事项

(1)反应时间充分;(2)保证反应杯不漏气。

7. 思考题

该实验的误差来源有哪些?

1.5.2　体积法(量气法)

1. 实验原理

使盐酸与碳酸盐发生化学反应,测量反应后产生的 CO_2 体积,测得 CO_2 气体体积后,利用公式(1.11)计算岩样中碳酸盐类(折算为 $CaCO_3$)的含量。公式为

$$\eta = 1\,202 \frac{PV}{WT} \tag{1.11}$$

式中　η——岩样中碳酸盐的含量,%;

　　　V——反应产生的 CO_2 气体体积,ml;

　　　P——实验时的大气压力(绝对),MPa;

　　　W——岩样质量,g;

　　　T——CO_2 气体的温度,即恒温槽温度,K。

2. 实验仪器

仪器流程如图 1.9 所示。

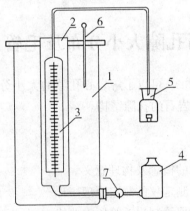

图 1.9　量气法碳酸盐含量测定仪

1—水槽;2—量气管;3—平衡管;4—平衡瓶;5—反应瓶;6—温度计;7—连通阀

3. 实验步骤

(1)打开阀 7,抬高平衡瓶,用其中吸收 CO_2 气体很少的食盐(NaCl)水溶液灌注量气管,使盐水液面达到量气管的上部刻度处,然后关闭阀 7;

(2)称取一定量的样品(一般 0.2~2 g)放入小杯内,并将小杯置于盛有 10~15 ml

（质量分数为10%）盐酸的反应瓶中；

（3）待仪器部分的温度平衡后，将开关7打开，移动平衡瓶，使量气管和平衡管工作液面持平，记下在大气压下量气管内液面的首次读数，立即将开关7关闭；

（4）摇动反应瓶，使杯子翻倒，让样品与盐酸充分反应，生成 CO_2 气体，直至作用完毕。反应停止约15 min后，移动平衡瓶，将平衡管中部分液体移入平衡瓶内，重新使量气管和平衡管中的液面持平，并记取在大气压力下量气管内液面读数。反应前后量气管内两次读数之差就是 CO_2 气体体积 V；

（5）记下水槽温度和气压计读数，在实验过程中要特别注意调节反应瓶及水槽的温差，一般不得超过1℃。

4. 注意事项

（1）读 CO_2 气体体积时，量气管内外的液面必须持平，以保证所测气体体积为大气压力下的体积。

（2）分析时，室内温度要稳定（不要直接吹风），恒温水池中温度要均匀。

（3）水池中的水最好用蒸馏水或者用过滤后的自来水。

1.5.3　思考题

1. 测定储层岩石碳酸盐含量有什么重要意义？
2. 简述压力法和体积法测定储层岩石碳酸盐含量所用仪器及结构和原理。

1.6　储层岩石孔隙大小分布及毛管压力曲线的测定

测定岩心的毛管压力曲线，可以了解岩心孔隙的大小分布、岩心的非均质性、驱油效率等参数，从而进一步了解岩石的孔隙结构。

1.6.1　实验目的

（1）掌握毛管压力曲线的概念及物理意义。

（2）理解毛管压力曲线测定仪的测定原理。

（3）会根据实验所测数据绘制出毛管压力曲线，并分析岩心的性质。

1.6.2　实验原理

实际岩石孔隙结构极其复杂，它是由无数大小不等的孔隙组成，孔隙和孔隙之间有的是由一个或数个喉道连接，而有的孔隙与其他孔隙根本就不连通，为了研究方便，常把岩石孔隙孔道近似地视为由许多半径不等的毛细管组成。对于一定的流体，一定半径的孔隙喉道（或毛细管）具有一定的毛管压力。湿相流体可以在不借助外力的作用下，靠自吸作用可以部分进入毛细管孔隙中,而非湿相流体,由于毛细管压力是阻力,则必须借助外力克服毛细管压力,只有当外加压力等于或超过喉道的毛细管压力时(假定忽略重力作用),非湿相才能进入孔隙,非湿相首先进入最大孔道时所对应的最低驱替压力(即毛管压力)称为"阀压"或"门槛压力",超过此压力,非湿相就进入孔隙介质之中。

非湿相进入岩石孔隙的同时,也把湿相从孔隙中推出,使非湿相饱和度增大,湿相饱和度减小,此时,外加压力就相当于喉道的毛细管压力。随着外加压力的增大,非湿相就可以通过更小的喉道进入其所连通的孔隙,将湿相驱出,使非湿相饱和度进一步增大,湿相饱和度进一步减小。这就是用实验法测定岩石孔隙大小分布和毛管压力曲线的理论基础。

毛细管压力曲线指油层岩石的毛管压力和湿相流体饱和度的关系曲线。由定义可知,要绘制毛管压力曲线,就必须求出一组压力和与之相对应的湿相饱和度。测定方法有多种,这里介绍的是常压半渗透隔板法。其优点是仪器和测定方法简单;缺点是测定时间过长,全部测定有时需要两三天或更长时间。

将干净的岩样饱和水后,放在多孔隔板漏斗的隔板上,其间垫上一水湿的滤纸,以便使岩样中的水和隔板下的水构成统一的水力系统。利用抽真空方法建立岩样驱替压差,在一定压差下,空气将岩样中的水驱出,驱出的水量可以在刻度管上读出,相应的压差由压力计读出。实验压差由小到大逐渐变化,记录相应的压差和岩样中排出的水量。把润湿液体从某一孔隙中驱替出来所需的压力 ΔP 就等于岩样所呈现出来的毛管压力 P_c,即 $\Delta P = P_c$,便可按下式计算出相应的岩石孔隙半径 r,即

$$r = \frac{2\sigma\cos\theta}{P_c} \tag{1.12}$$

式中　r——岩石孔隙半径,m;

　　　σ——界面张力,mN/m;

　　　θ——毛细管壁与液面之间的接触角,(°);

　　　P_c——与外界压差相平衡的毛管压力,Pa。

基于不同的 P_c 下驱出的水量占岩石孔隙体积的百分数,便可确定出孔隙大小的分布情况。另外,根据在每一 P_c 下岩样中剩余的水量占岩样孔隙体积的百分数(即含水饱和度),可绘出毛管压力曲线。

1.6.3　实验仪器

常压半渗透隔板法是用空气(非湿相)来驱替岩样中的水(湿相),其实验仪器如图1.10 所示,实验仪器结构原理图如图 1.11 所示。

1.6.4　实验步骤

(1)选取直径为 2.5~3.0 cm、长度为 2.5~4.0 cm、端面平整的岩样。将岩样烘干冷却后称岩样质量 G_1,然后抽空饱和水,再称饱和水后岩样的质量 G_2,按下式计算出饱和水

的体积,即岩样的孔隙体积,为

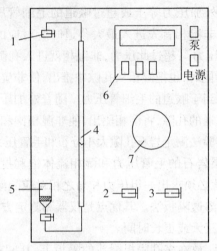

图 1.10　测定岩石孔隙大小分布的实验装置图

1—连通阀;2—抽空阀;3—放空阀;4—玻璃计量管;

5—亲水玻璃漏斗;6—真空计;7—真空表

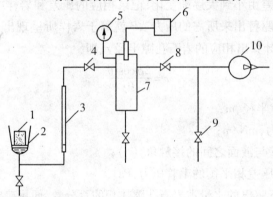

图 1.11　测定岩石孔隙大小分布的实验装置结构原理图

1—岩心;2—玻璃漏斗;3—计量管;4—连通阀;5—真空表;6—真空计;

7—真空缓冲容器;8—真空阀;9—放空阀;10—真空泵

$$V_P = (G_2 - G_1)/\rho_w \tag{1.13}$$

式中　V_P——岩样的孔隙体积,cm^3;

G_2——饱和水后岩样的质量,g;

G_1——干岩样的质量,g;

ρ_w——饱和水的密度,g/cm^3。

（2）玻璃漏斗隔板抽空饱和水,并浸泡在水中待用;

（3）将玻璃漏斗预先灌一些脱气水,倒装在漏斗座上,抽空,打开漏斗座上阀门吸水;

（4）在半渗透隔板上放一层吸过水的滤纸，将岩样放在滤纸上，岩样上端加一重物，使之与隔板充分接触；

（5）关闭计量管与真空缓冲容器之间的连通阀 1，使两者不连通，开真空阀 2、放空阀 3，打开电源开关，开真空泵开关，开启真空泵；

（6）用放空阀 3 调节使真空容器（在仪器面板背后）内先形成 0.000 4 MPa 的压差，打开连通阀 1，此时滤纸上岩心表面以及隔板上的水将被收到计量管内，待其液体不再移动，记录刻度管读数 a_0 作为初始值；

（7）关闭连通阀 1，调节放空阀 3，使真空容器内真空度增加到 0.001 3 MPa，再打开连通阀 1，刻度管内弯液面开始上升，待刻度管内液面上升停止（静止不动）时，记录压力（真空度）和刻度管读数 a_1；

（8）关闭连通阀 1，调节放空阀 3，增加真空容器内真空度值，打开连通阀 1，刻度管内液面进一步上升，待刻度管内液面再次静止不动时，记录刻度管读数 a_2；

（9）重复第（8）步操作，逐渐增加真空容器内真空度值，并测定稳定后刻度管内液面值，直到隔板下面出现气泡时，关闭泵开关和电源开关，打开放空阀 3，结束实验。

1.6.5　实验数据记录及处理

将实验数据记录于表 1.5 中。

表 1.5　岩石孔隙大小分布测定数据记录表

序号	毛管压力 P_c/MPa	刻度管读数 a_1/cm^3	从岩样中驱出的水		残留于岩样中的水		孔隙半径 r/μm
			体积/cm^3	占孔隙体积的百分数/%	体积/cm^3	岩样含水饱和度 S_w/%	
0	0						
1	0.000 4						
2	0.001 3						
3	0.002 6						
4	0.005 2						
5	0.007 8						
6	0.010 4						
7	0.013 0						
8	0.018 2						
9	0.023 4						
10	0.028 6						

1.6.6　注意事项

(1)上述实验操作中前3个步骤是实验检查及校对步骤,实验从第4步开始进行。

(2)实验中真空度调节阀应由小到大依次调节。

(3)每次从毛细管中读值时,必须待弯液面稳定后方可进行。

1.6.7　思考题

(1)常压半渗透隔板法测定毛管压力曲线时,对岩心有何要求?

(2)在实验测定过程中,若隔板下出现气泡,实验是否还需测定下去? 为什么?

(3)简述常压半渗透隔板法测岩石孔隙大小分布的方法及原理。

1.7　地层油饱和压力与黏度测定

1.7.1　实验目的

当温度一定时,地层原油中分离出第一批气泡时的压力称为饱和压力。地层油物理性质直接影响原油在地下的储存状况和流动能力。对于分析油田开发及科学合理地制定油井采油制度等都是必不可少的,如研究油藏驱动类型、开采方式、计算油田储量及选择油井工作制度等都必须有准确的地层油物理资料作为依据。研究地层条件下原油物性的主要目的是为了获得油田开发设计、动态分析、确定开采方式及提高采收率方法等所必需的数据。获得地层油高压物性参数的主要途径是直接用高压物性仪测定,这是最直接、最精确的方法。本节主要介绍测定地层油高压物性的仪器及测定方法。

1.7.2　地层油高压物性仪器

地层原油物性参数的测定是在能耐高温、高压的装置中进行的。这类装置就其所用的工作介质来说,可分为两类:一类是使用水银为工作介质的,称为水银式地层原油物性测定仪(简称水银PVT);另一类是用饱和食盐水作为工作介质的,这类仪器称为无水银原油物性测定仪(简称地层油高压物性分析仪无水银PVT,图1.12)。目前,我国测定地层原油物性时使用比较多的仪器是后者。高压物性仪的流程及结构如图1.13所示。它主要由以下几部分组成:

1. 分析器(又称PVT筒)

分析器是用来充满油气并在高温、高压下使油气达到平衡。分析器的高压容器是由防磁不锈钢制成的缸套,缸体的高压密封是双层的,并采用聚四氟乙烯和"O"型橡胶盘根密封。缸内装有钢制成的活塞,由丝杆传动,缸体容积为250 cm³。分析器上部有一电磁线圈,工作时吸动分析器内的搅动环,做上下往复运动进行搅拌样品,分析器下部有一计量泵,上面有刻度,可计量分析器内油样的体积,同时通过它还可以给样品加压或降压。分析器外部有一恒温水套,供热水循环以维持样品温度。

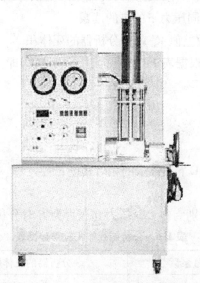

图 1.12　地层油高压物性分析仪

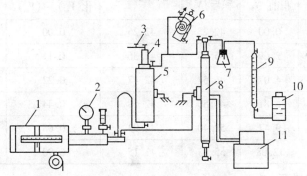

图 1.13　高压物性实验流程图

1—计量泵;2—压力表;3—放空阀;4—观察窗;5—多级分离器;6—落球黏度计;

7—油气分离器;8—PVT 筒;9—量气瓶;10—盐水瓶;11—恒温水浴

在分析器中存在一部分死体积,使得分析器的实际容积比缸体容积大,因此,在分析原油物性时,必须考虑死体积。分析器死体积的确定方法如下:

(1)将分析器清洗干净,用压缩空气吹干,恒温至 20 ℃。用直径为 3 mm 管线和计量泵连接;

(2)将校正好的计量泵灌满蒸馏水,刻度调到零处;

(3)将分析器泵驱到零刻度,关闭分析器上通压力表闸门和分析器顶部的闸门。打开分析器顶部和计量泵连通的闸门,抽空 20 min 后关闭;

(4)打开计量泵和分析器连接管线的闸门,用计量泵内的蒸馏水排除管线内的气体;

(5)用计量泵测定不同压力下的泵读数,并记录室温;

(6)打开分析器顶部闸门,用计量泵内的蒸馏水充满分析器的死体积。充满水后,用计量泵测定与上述(5)中相同压力下的泵的读数。

各压力下计量泵的读数差值 V_m 就是分析器的死体积。

分析器压变系数 K_p 可根据表1.6的数据用下式计算,即

$$K_p = \frac{\left[(V_m)_p - (V_m)_0 \right] K_H r_1}{10 P r_2} \tag{1.14}$$

式中 K_p——分析器压变系数;

      K_H——泵常数;

      r_1,r_2——室温和20 ℃下蒸馏水的相对密度;

      P——压力,MPa;

      $(V_m)_0$,$(V_m)_p$——分别为在大气压力和压力为 P 时分析器的死体积,cm^3。

表1.6   分析器死体积校正数据表

序号	压力/MPa	计量泵读数		分析器的死体积 V_m/cm^3		
		充填死体积前/N_1	充填死体积后/N_2	$V_m = N_2 - N_1$	V_m 随压力的变化 $(V_m)_p - (V_m)_0$	死体积压变系数 K_2
1	0	0.00	42.25	42.25	0.00	—
2	2.5	2.69	45.05	42.36	0.11	0.004
3	5.0	4.07	46.54	42.47	0.22	0.004
4	10.0	6.81	49.50	42.69	0.44	0.004
5	15.0	9.47	52.40	44.93	0.68	0.004 5
6	20.0	12.08	55.23	43.15	0.90	0.004 5

2.电动高压计量泵

它是在高压下计量流体体积的设备,同时可对流体进行加压或降压。

电动高压计量泵主要由计量泵主体和电动减速器两部分组成。计量泵主体由活塞、活塞套、刻度盘、游标、泵体和外壳等组成。减速部分由电机、联轴节、涡轮涡杆减速器和轴承等组成。计量泵两侧各有一个取样器恒温套,计量泵和取样器之间用高压线连接。计量泵的总体积为200 cm^3,由游标和刻度盘读出,刻度盘最小刻度为0.01 cm^3。

3.恒温控制系统

恒温控制系统是包括超级恒温水浴、PVT筒、取样器和高压黏度计等的恒温水套。超级恒温水浴与恒温水套之间用胶管连接,通过水套对油样进行加温和恒温控制。

4.示压和量气系统

示压和量气系统包括压力表、油气分离瓶、气量瓶等。

5. 高压滚球黏度计

高压滚球黏度计主要用来测定地层油在地层条件下的黏度,也可测定其他液体的黏度。

高压黏度计的结构是由中心防磁不锈钢管制成内壁光滑的圆管。圆管的上部有一电磁线圈,通电可产生磁力吸住管内的钢球,管子下部为一球座,球座外有两个电感线圈,装在密封的屏蔽盒内。当电磁线圈断电时,钢球下落,秒表自动计时。该黏度计测量范围在 0.5 mPa·s 至 500 mPa·s。

另外,高压黏度计还包括真空泵、空气压缩机、天平、烘箱、显微镜和密度计等辅助设备。

1.7.3 地层油饱和压力的测定

地层油饱和压力通常是指未饱和油藏的饱和压力,即从原油中分离出第一批气泡时的压力。它是地层油非常重要的物性参数之一,由它可判断地层中烃类是以单相还是油气两相的方式渗流,可反应和控制油藏的驱动方式;另外,它还是地层油物性发生突变的转折点。地层油饱和压力对于油藏开采动态分析、渗流计算及数值模拟等方面都是不可缺少的参数。

1. 实验原理

地层油饱和压力的测定是采用降压法。根据降压过程,地层油体积随压力的变化来确定。因为当地层油压力高于饱和压力时,压力下降,原来受压缩的原油发生膨胀,体积增加;当压力降到饱和压力以下时,溶解在油中的气体从油中分离出来,由于气体的压缩系数远远大于液体的压缩系数,随着压力下降,油气的体积变化率远大于高于饱和压力时的油体积变化率。将压力与对应的体积变化绘成曲线,该曲线在饱和压力处出现拐点,根据拐点即可确定地层油的饱和压力。

2. 实验过程

(1)打开恒温水浴电源开关,将分析器(PVT 筒)中的地层油恒温到地层温度,然后用 PVT 筒下部的高压计量泵将地层油压力升高到地层压力(或者高于预测饱和压力 3.0 MPa 至 5.0 MPa),打开搅拌器开关,对 PVT 筒内的油进行搅拌,直至压力表指针稳定在所要控制的压力点上。

(2)根据预测的饱和压力值计算要取的点的范围,一般在高于饱和压力时取 3~4 个点,在饱和压力以下取 3~4 个点。

(3)将控制盘上的"进泵"、"退泵"按钮旋到"退泵"上,然后右旋打开"电压"开关,并注意压力表,慢慢将压力降到所算好的第一个压力点上,马上关闭"电压"开关停止退泵,打开搅拌器开关,当压力表指针稳定后,记录 PVT 筒中的压力 P_1 和体积值 V_1;继续打开"电压"开关,退泵。按上述过程测定后面的压力点,并记录压力及对应的体积值。在饱和压力以上时,由于体积随压力的变化很小,测定时可采取定压差方法,当在饱和压力以下时,压力下降油气发生分离,体积随压力的变化很大,这时可采取定体积法。

（4）操作完毕后，关掉打开的所有开关。

3. 数据处理

将测得的数据记录在表 1.8 中，并按说明进行整理。然后以 V_1 为基数，计算出每组数据的累积体积变化，即 $\Delta V_i = V_i - V_1$。

以累积体积变化 ΔV 为横坐标，以压力 P 为纵坐标，绘制 $P - \Delta V$ 关系曲线，曲线的拐点 a 所对应的压力即为饱和压力（图 1.14）。

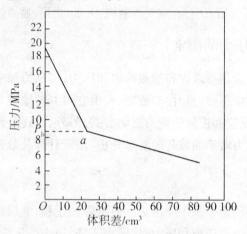

图 1.14　$P - \Delta V$ 关系曲线图

4. 地层油压缩系数的计算

地层油的压缩系数是指在一定温度下，地层油体积随压力的变化率，即

$$C_o = -\frac{1}{V_f}\left(\frac{\partial V_f}{\partial P}\right)_T \approx -\frac{1}{V_f}\frac{\Delta V_f}{\Delta P} \tag{1.15}$$

式中　C_o——地层油压缩系数，MPa；

　　　V_f——地层油的体积，cm^3。

仪器容积随压力变化的增量（ΔV），是用地层压力 P_f 和每一级压力 P_i 之压力差乘以仪器容积随压力变化系数平均值 K_p 的方法求得，即

$$\Delta V = K_p(P_f - P_i) \tag{1.16}$$

原油体积增量（ΔV_o）是用分析系统的体积的增量 $(\Delta V)_{Npi}$ 减去仪器容积随压力变化的增量 $(\Delta V)_{pi}$ 而求得，即

$$\Delta V_o = (\Delta V)_{Npi} - (\Delta V)_{pi} \tag{1.17}$$

原油体积 $(V_o)_{pi}$ 是按在地层温度和地层压力下转入分析容器内油样的总体积 $(V_o)_{pf}$ 加上由于压力降低原油体积膨胀的增量 $(\Delta V_o)_{pi}$ 而求得，即

$$(V_o)_{pi} = (V_o)_{pf} + (\Delta V_o)_{pi} \tag{1.18}$$

在计算压力系数时，压力差 ΔP 是用在地层压力 P_f 到饱和压力 P_b 压力范围内每后

一压力值 P_i 减去前一压力值 P_{i-1} 得到的,即

$$\Delta P = P_i - P_{i-1} \tag{1.19}$$

原油体积变化值 ΔV_f 是用 $P_f - P_b$ 压力范围内后一个原油体积值 $(V_o)_i$ 减去前一个原油体积 $(V_o)_{i-1}$ 得到的,即

$$\Delta V_f = (V_o)_i - (V_o)_{i-1} \tag{1.20}$$

原油平均体积 V_f 是两个压力下原油体积的算术平均值,即

$$V_f = \frac{(V_o)_{p_i} - (V_o)_{p_{i-1}}}{2} \tag{1.21}$$

将上述参数代入原油的压缩系数计算公式(1.15),可计算出原油的压缩系数 C_o。

将实验数据填至表 1.7、表 1.8、表 1.9 中。

5. 注意事项

(1)进泵和退泵的速度是由"电压"开关来控制的,电压开得大,进泵和退泵的速度就快,反之就慢。因此,在控制"电压"开关时一定要小心,不要把"电压"旋得太高,以免将仪器损坏。

(2)当压力降低到所要求的值后,应搅拌均匀、压力稳定后才可读数。

表 1.7　地层油高压物性分析数据记录表

油田:＿＿＿＿＿＿;油层:＿＿＿＿＿＿;井号:＿＿＿＿＿＿;

地层压力:＿＿＿＿＿MPa;地层温度:＿＿＿＿＿℃;取样压力:＿＿＿＿＿MPa;

取样温度:＿＿＿＿℃;取样器号:＿＿＿＿＿;取样日期:＿＿＿＿年＿＿＿月＿＿＿日;

仪器的死体积:＿＿＿＿＿cm³;仪器压变系数 (K_p):＿＿＿＿＿cm³/MPa;

温变系数 (K):＿＿＿＿＿cm³/℃;饱和压力:＿＿＿＿＿MPa;压缩系数:＿＿＿＿＿$10^{-4}MPa^{-1}$。

表 1.8　地层油饱和压力实验数据

序号	压力/MPa	计量泵读数/cm³	累积体积差/cm³
1			
2			
3			
4			
5			
6			
7			
8			
9			
10			

表 1.9 地层油压缩系数计算表

名称	压力 /MPa	压差 /MPa	泵读数 /cm³	系统体积增量 /cm³	仪器体积增量 /cm³	原油体积增量 /cm³	原油体积/cm³	原油平均体积/cm³	压缩系数 /10^{-4}MPa^{-1}
项	(1)	(2)	(3)	(4)	(5)	(6)	(7)	(8)	(9)
行	实验记录	(1)项 i 行减 $i-1$ 行	实验记录	(3)项 i 行减 $i-1$ 行	(2)×K_p	(4)-(5)	转样体积+(6)	(7)项 i 行加 $i-1$ 行除 2	$\dfrac{(6)}{(2)\times(8)}$
1									
2									
3									
5									
6									
7									

1.7.4 地层油黏度的测定

1. 实验目的及要求

原油的黏度是地层油的一个非常重要的物性参数。原油的黏度是影响油井产量及采收率等的重要因素之一。有时,由于原油黏度过大,致使油井无法产油。了解地层油黏度对于油井动态预测、试井、提高采收率等都是必要的。地面脱气油的黏度变化很大,从零点几到成千上万毫帕秒(厘泊)不等。从外表上看,有的可稀到无孔不入,而有的则可能稠到成半固态的塑性胶团,达 6 000 mPa·s 以上。原油黏度大小的影响因素有 3 方面:一是原油的化学组成是决定黏度高低的内因,也是最重要的影响因素;二是原油所处环境的温度和压力的大小;三是除原油组成和温度影响外,最主要影响原油黏度的则是油中溶解气量的多少。

2. 实验原理

地层油的黏度是用高压滚球黏度计测定的。它是利用钢球在黏度计充满油的中心管中滚动下落,其下落的速度与油的黏度有关,油的黏度越大,形成的阻力越大,球的下落速度越慢;反之越快。因此,钢球的下落速度或时间反映了原油的黏度大小。原油黏度测定结构如图 1.15 所示。只要测出钢球的下落时间,就可用下面的公式计算出原油的黏度,即

$$\mu_o = k(\rho_s - \rho_o)T \tag{1.22}$$

式中 μ_o——原油的黏度,mPa·s;

ρ_s, ρ_o——分别为钢球和原油的密度，g/cm^3；

T——钢球的下落时间，s；

k——黏度计常数，与管径、倾斜角度、钢球直径等有关。

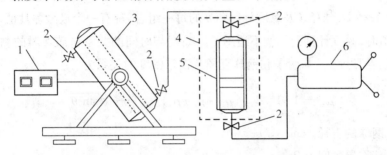

图 1.15　原油黏度测定流程

1—控制器；2—阀门；3—高压落球黏度计；4—恒温浴；5—储样器；6—高压计量泵

3. 实验步骤

（1）打开恒温水浴电源开关，将黏度计中的原油恒定至地层温度；

（2）打开黏度计电源开关，将黏度计放油闸门端降低，使内部的电磁线圈吸住钢球，并调整黏度计水泡，使之居中；

（3）将黏度计放油闸门端抬高至工作位置，打开降球开关（此时电磁线圈的电流断开，钢球开始沿中心管向下滚动，同时秒表开始计时）；

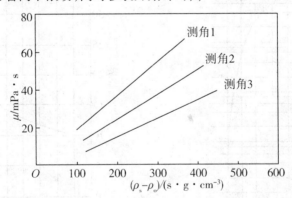

图 1.16　落球黏度计标定曲线

（4）钢球达到最低位置时，秒表自动停止计时，记录电秒表的时间和工作角度，然后关闭降球开关，翻转黏度计，使放油闸门端位置降低，如此重复测定 3~5 次；

（5）改变黏度计的工作角度，重复进行测定，将时间和角度记录在表 1.11 中；

（6）根据不同工作角度及所对应的时间，进行计算或查事先做好的标准曲线，得出黏度值，然后计算出黏度平均值；

（7）测定结束后，关闭黏度计电源开关及恒温水浴电源开关。

4. 注意事项

（1）黏度计在使用之前都要经过校正。校正通常都是采用纯净的碳氢化合物液体或标准油作为已知黏度的标准液体。

（2）对于管径 D，球径 d 及黏度计倾角 θ 的每一组合，都有一个极限黏度值，当低于这一黏度极限值时，黏度计算公式就不适用了。黏度与时间的关系被破坏时的黏度值称为临界黏度。临界黏度 $\mu_{k,p}$ 与管子和钢球直径及钢球密度的关系为

$$\mu_{k,p} = 1\,915.2\,\sqrt{[\rho - (\rho_s - \rho_o)]}\,\sqrt{\frac{d^3 k}{R_{e_{k,p}}}}\,\sqrt{\sin\theta} \qquad (1.23)$$

式中　d——钢球的直径，cm；

　　　$\mu_{k,p}$——临界黏度，mPa·s；

　　　θ——黏度计转角；

　　　Re——临界雷诺数。系数 k' 和临界雷诺数可根据钢球与管的直径比值（d/D）由曲线（图 1.17 和图 1.18）查得。

实验数据填入表 1.10、表 1.11 中。

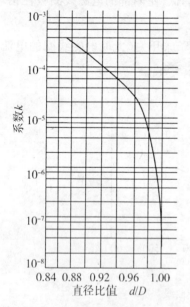
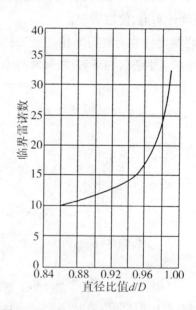

图 1.17　系数与直径比值（d/D）的关系　　　　图 1.18　临界雷诺数与直径比值的关系

表 1.10　地层原油黏度测定

油田：_____；油层：_____井号：_____

地层压力：_____MPa；地层温度：_____℃；取样压力：_____MPa；

取样温度：_____℃；取样器号：_____；取样日期：_____年_____月_____日

饱和压力：_____MPa；黏度计号：_____；钢球直径：_____mm；

钢球密度：_____ g/cm^3；地层油密度：_____ g/cm^3。

表 1.11　地层油黏度实验数据表

压力/MPa			
角度			
时间/s			
平均时间/s			
黏度/mPa·s			
平均黏度/mPa·s			
备注			

1.8　地层油单次脱气实验

1.8.1　实验目的

地层油中溶解大量的气体，在温度和压力发生变化时，油藏烃类的相态也要发生变化，如温度一定，压力下降到饱和压力以下，原来溶解在油中的气体从油中分离出来，相态从单一的液相变为油气两相，原油的性质发生变化。油气分离，即伴随着压力降低而出现的原油脱气，是油气生产中最常见的现象，它既可以在地面油气生产过程中出现，也可在地层中进行。由于从原油中脱出的气量的多少与油、气的组成及温度、压力等有关，因此，根据脱气过程中得到的数据可确定地层油的一些物性参数，如溶解油气比、体积系数、地层油密度等。

本节介绍地层油的单次脱气过程及有关地层油物性参数的计算方法。

1.8.2　测定原理

将 PVT 筒内的油样温度和压力保持在油藏条件，并不断进行搅拌，使气体均匀溶解在油中。当温度、压力达到稳定后，在保持油藏温度和压力下，将 PVT 筒内的原油放出一定数量于油气分离瓶中，放出油样的体积可以从计量泵上读出。分离瓶内的压力为大气压力，原油进入分离瓶后将脱气，并且脱出的气体进入装有饱和盐水的计量瓶内，排除瓶内的盐水，将平衡瓶液面与气体计量瓶液面调整水平，由此可读出脱出气体的体积；根据放油前后 PVT 筒计量泵上油样体积的读值,可求出放出的油在油藏条件下的体积,即为 PVT 筒内放油前后的体积差乘以校正系数;通过称量分离瓶及瓶内原油的质量,由此确定脱气原油的质量和体积。

1.8.3　实验流程

地层油单次脱气的实验流程如图 1.19 所示。它是在地层原油物性仪的基础上,在 PVT 筒放油闸门连接一个油气分离瓶、气体计量瓶和平衡瓶而构成的。

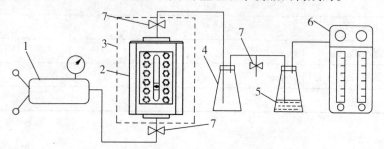

图 1.19　单次脱气实验流程

1—高压计量泵;2—PVT 容器;3—恒温浴;4—分离瓶;

5—气体指示瓶;6—气量计;7—阀门

1.8.4　实验步骤

(1)加压使气体溶于油中。

将溶有气体的地层油转到分析器(PVT 筒)内,并将温度、压力升高到油藏条件。在加压过程中,用电磁搅拌器进行搅拌,使气体均匀地全部溶于油中。

(2)连接装置。

按图 1.19 所示在 PVT 筒上端阀门连接直径为 3 mm 的高压管线,管线的另一端连接质量为 W_1 的油气分离瓶,并与装有饱和盐水的气体计量瓶连接。

(3)检查放气系统。

检查放气系统是否漏失,如果不漏失,将计量瓶的液面升高到计量瓶的入口处。

(4)记录放油前泵读数。

在地层压力下读取并记录 PVT 筒放油前的泵读数 V_1。

(5)原油分离气。

在保持 PVT 筒内的压力下,慢慢打开 PVT 筒上部闸门,往分离瓶中注入 10 ml 左右的原油,原油进入分离瓶的速度不应大于每秒钟 1 滴。从分离瓶中的原油分离出的气体进入气体计量瓶并排出瓶内的盐水。

(6)脱气后读取泵读数。

当脱气量满足要求后,关闭 PVT 筒上的阀门,在保持 PVT 筒内的压力、温度与放油前相同的条件下,读取计量泵的读数 V_2。

(7)读取脱气体积。

将平衡瓶液面与计量瓶的液面调整至同一水平面,然后从气体计量瓶上读出脱出气体的体积 V_g。

(8)取分离瓶并称重。

取下分离瓶并称重 W_2。

(9)重复测定并记录数据。

按上述步骤重复测定 3 次,并将测定数据记录在表 1.14 中。

1.8.5 数据处理

在 20℃下测定出脱气原油的密度 ρ_o 及分离出的气体的密度 ρ_g。脱气原油的体积 V_o 可根据下式计算,即

$$V_o = \frac{W_o}{\rho_o} = \frac{W_2 - W_1}{\rho_o} \qquad (1.24)$$

脱出的气体在标准状况下的体积 V_g 为

$$V_g = (V_{og} - V_o)A \qquad (1.25)$$

式中 V_{og}——从 PVT 筒中放出的气体体积,cm^3;

A——将气体转换成标准状况下体积的换算系数。它可用下式计算,即

$$A = \frac{0.385\,7(P_0 - Q)}{273.15 + t} \qquad (1.26)$$

式中 P_0——大气压力,mmHg;

t——周围介质的温度,℃;

Q——在 t ℃下的水蒸气压力,可从图 1.20 中查到,mmHg。

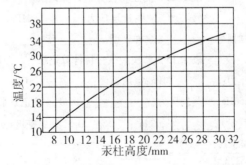

图 1.20   饱和 NaCl 水溶液蒸汽压力

分离出的气体质量 W_g 是由标准状况下的气体体积 V_g 乘以气体的密度 ρ_g 得到的,即

$$W_g = V_g \rho_g \tag{1.27}$$

原油的油气比 R_s 为

$$R_s = \frac{V_g}{V_o} \tag{1.28}$$

原油的体积系数 B_o 为

$$B_o = \frac{V_{o,f}}{V_o} \tag{1.29}$$

V_{of} 为从 PVT 筒中放出的溶有气体的原油体积,即

$$V_{o,f} = V_1 - V_2$$

原油的收缩率 S_o 为

$$S_o = 1 - \frac{1}{B_o} \tag{1.30}$$

地层原油的密度 $\rho_{o,f}$ 为

$$\rho_{o,f} = \frac{W_o + W_g}{V_{o,f}} \tag{1.31}$$

根据以上计算公式可算出所求的各个参数,并将各次的计算结果求出平均值即为所求的数值。

最后计算结果符合下列要求的为合格:

(1)油气比在 30 m³/T 以下,误差小于 ±1 m³/T;

(2)油气比在 30 ~ 60 m³/T,误差小于 ±1.5 m³/T;

(3)油气比在 60 m³/T 以上,误差小于 ±2 m³/T;

(4)体积系数误差为 ±0.000 6。

如果不符合上述要求,应找出产生误差的原因,并从新进行测定。

实验数据填入表 1.12、表 1.13 和表 1.14 中。

表 1.12　高压物性分析计算记录

油田:_____;层位:_____;井号:_____;地层压力:_____ MPa;

地层温度:_____℃;取样器号:_____;取样日期:_____年_____月_____日。

表 1.13　单次脱气分析计算记录

仪器编号:_____;饱和压力:_____ MPa;室内温度:_____℃;

大气压力(P_0):_____ mmHg;水蒸气压力(Q):_____ mmHg;校正系数(B):_____;

脱气原油在 20 ℃时的密度(ρ_o):_____ g/cm³;气体在 20 ℃时的密度(ρ_g):_____ g/cm³;气体换

算到标准状况系数:$A = \dfrac{0.385\,7(P_0 - Q)}{273.2 + t} = $_____。

表 1.14　地层油单次脱气实验数据表

序号				1	2	3	平均
瓶号							
计量泵读数 /cm³	放油前	1					
	放油后	2					
	读数差	3	(1) − (2)				
脱气前油质量 /g	瓶重	4					
	油重 + 瓶重	5					
	油重	6	(5) − (4)				
脱气原油体积/cm³		7	(6)/ρ_o				
脱出气量/cm³	测量	8					
	校正	9	$B \times$ (8)				
	扣除原油后的体积	10	(9) − (7)				
	折算体积	11	(10) $\times$ A				
气体质量/g		12	$P_g \times$ (11)				
油气比	质量油气比/(m³·t⁻¹)	13	(11)/(6)				
	体积油气比/(m³·m⁻³)	14	(11)/(7)				
体积系数		15	(3)/(7)				
收缩率/%		16	[(15) −1]/(15)				
地层油密度/(g·cm⁻³)		17	[(6) + (12)]				
平均溶解系数/(m³·m³·(MPa)⁻¹)		18	(14)/P_b				

1.8.6　思考题

1. 什么是一次脱气？与多次脱气有何区别？

2. 简述一次脱气的原理及方法。

3. 简述一次脱气的流程及实验的调试。

第2章

渗流力学实验

渗流力学作为石油工程专业的一门学科基础课,主要研究的是地下流体在多孔介质中流动规律和流动形态的一门学科,研究范畴是从地层远处到井底之间流体的流动。本书主要研究的是渗流过程服从的一般规律——达西定律及不可压缩液体的流动,主要有3种流动形态:(1)不可压缩液体的平面单向流;(2)不可压缩液体的平面径向流;(3)不可压缩液体的球形径向流。每种流动形态都有各自的流动规律,本书主要研究前两类。

2.1 达西定律实验

2.1.1 实验目的

(1)掌握实验室测定均质砂渗透系数的方法,加深对岩石渗透系数的认识。

(2)验证达西定律,进一步了解和掌握达西定律。

2.1.2 实验装置

图2.1的实验装置是采用半自动循环系统供水,设计简洁,非常实用,实验结果可靠。

2.1.3 实验原理

液体在孔隙介质中流动时,由于黏滞性(渗流阻力)作用将产生能量损失。法国水文工程师亨利·达西(Henri - Darcy)经过大量的实验研究,1856年总结得出渗流能量损失与渗流速度成一次方的线性规律,后人称为达西定律。

由于渗流速度很小,故速度水头可以忽略不计。因此,总水头 H 可用测管水头 h 来表示,水头损失 h_w 可用测管水头差来表示,即

$$H = h = z + p/\gamma, \quad h_w = h_1 - h_2 = \Delta h \tag{2.1}$$

则水力坡度 J 可用测管水头坡度来表示,即

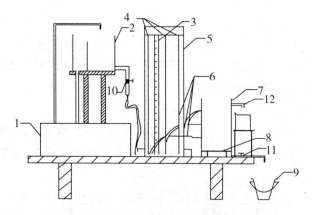

图 2.1　达西渗透实验装置图

1—水泵及供水箱;2—常水头供水箱;3—可水平移动的标尺;4—测压管;

5—塑料平板;6—橡皮管;7—装砂圆筒;8—滤网;9—水桶;10—进水阀门;

11—出水阀门;12—溢流管嘴

$$J = h_w/L = (h_1 - h_2)/L = \Delta h/L \tag{2.2}$$

式中　L——两个测压管孔之间的距离;

　　　h_1, h_2——两个侧压孔的测管水头。

达西通过大量实验,得到圆筒内渗流量 Q 与圆筒断面积 A 和水力坡度 J 成正比,并和孔隙介质的透水性能有关,所建立基本关系式为

$$Q = KAJ$$

$$v = Q/A = KJ \tag{2.3}$$

式中　v——渗流简化模型的断面平均流速;

　　　K——反映孔隙介质透水性能的综合系数,称为渗透系数。

实验中的渗流区为一圆柱形的均质砂体,属于均匀渗流(本装置宜适用于中粗砂,而细砂不是非常适合,因为常水头渗透实验本来就适用于粗土粒渗透系数的测定),可以认为各点的流动状态是相同的,任意点的渗流流速 u 等于断面平均渗流流速,因此达西定律也可以表示为

$$u = KJ \tag{2.4}$$

式(2.4)表明,渗流的水力坡度,即单位距离上的水头损失与渗流流速的一次方成正比,因此称为渗流线性定律。

2.1.4　实验方法与步骤

1.准备

熟悉实验装置各部分结构特征、作用性能,认识装砂圆筒内砂的种类,记录有关常数,包括实验圆筒内径 D、测孔间距 L 及砂样有效粒径 d_e、孔隙率 n 与水温。

2. 加水

关闭进水阀门 10,接通水泵的电源,待常水头供水箱内充满水时,关闭出水阀门 11,缓缓打开进水阀门 10,注意此时阀门 10 不宜打开过大,以免砂样向上浮涌。待水浸透装砂圆筒内全部砂体时,关闭阀门 10。

3. 排气

检查各测压管水位是否与装砂圆筒内的水面齐平,如不齐平,说明仪器有集气或漏气,需挤压测压管上的橡皮管,或用吸球在测压管上部将集气吸出,调至水位齐平为止。

4. 测读数据

在出水管 12 的溢流管嘴下放上烧杯,打开阀门 10 少许(流量不宜过大),使水缓慢由出水管 12 流入烧杯,待测压管水位稳定后(此时供水箱 2 应保持溢流,以使实验水头恒定,并且保持装砂圆筒 7 内的水面处于平静状态)测记各水位。然后移开烧杯,用秒表与量筒测量出水管 12 流出的渗流水量,同时测记供水箱 2 内水温,并重复一次。接水时,出水管 12 出水口不浸入水中。

5. 改变水头重复实验

调节阀门 10 的大小,再重复步骤 4 两次并记录相关数据,注意每次调节阀门 10 时不宜过大,以免砂样向上浮涌,同时还需注意供水箱 2 内的水面始终保持溢流,并且保持装砂圆筒 7 内的水面处于平静状态。

6. 排水

关闭电源,关闭阀门 10,同时打开阀门 11 待装砂圆筒内水排尽后,打开阀门 10,使供水箱内水排尽。注意:由于装砂圆筒内排出的水含有少量砂粒,不宜将此水倒入水泵水箱内,应倒入水池,重新打水加入水泵水箱中。整理实验台,实验结束。

注意:本实验考虑到时间比较长,装砂过程已略,如果要亲自动手装砂,请参考相关标准,务必注意将砂子装结实,且没有气泡存在。

2.1.5 实验成果及要求

基本常数:筒径 $D=20.0$ cm,测孔间距 $L=10.0$ cm,砂子的种类为粗砂。不同温度下的动力黏滞系数如表 2.1 所示。

表 2.1 不同温度下的动力黏滞系数

温度/℃	动力黏滞系数 η /(10^{-3}Pa·s)	η_t/η_{20}	温度/℃	动力黏滞系数 η /(10^{-3}Pa·s)	η_t/η_{20}
5.0	1.516	1.501	15.5	1.130	1.119
5.5	1.493	1.478	16.0	1.115	1.104
6.0	1.470	1.455	16.5	1.101	1.090
6.5	1.449	1.435	17.0	1.088	1.077

续表 2.1

温度/℃	动力黏滞系数 η /(10^{-3}Pa·s)	η_t/η_{20}	温度/℃	动力黏滞系数 η /(10^{-3}Pa·s)	η_t/η_{20}
7.0	1.428	1.414	17.5	1.074	1.066
7.5	1.407	1.393	18.0	1.061	1.050
8.0	1.387	1.373	18.5	1.048	1.038
8.5	1.367	1.353	19.0	1.035	1.025
9.0	1.347	1.334	19.5	1.022	1.012
9.5	1.328	1.315	20.0	1.010	1.000
10.0	1.310	1.297	20.5	0.999 8	0.999
10.5	1.292	1.279	21.0	0.986	0.976
11.0	1.274	1.261	21.5	0.974	0.964
11.5	1.256	1.243	22.0	0.963	0.953
12.0	1.239	1.227	22.5	0.952	0.943
12.5	1.223	1.211	23.0	0.941	0.932
13.0	1.206	1.194	24.0	0.919	0.910
13.5	1.190	1.178	25.0	0.899	0.890
14.0	1.175	1.163	26.0	0.879	0.870
14.5	1.160	1.148	27.0	0.859	0.850
15.0	1.144	1.133	28.0	0.841	0.833

注:渗透系数修正为标准温度 20 ℃时的公式为 $k_{20} = k_t \eta_t/\eta_{20}$,其中 η_t, η_{20} 为 t ℃和 20 ℃时水的动力黏滞系数。

2.1.6　思考题

1. 装砂圆筒垂直放置、倾斜放置或水平放置,对实验测得的 Q, v, J 与渗透系数 K 值有影响吗?

2. 常水头渗透适用于测量沙土的渗透系数,变水头渗透适用于测量黏土和粉土的渗透系数,本装置也可粗略地测量黏土和粉土的渗透系数,问如何操作?

3. 达西定律的适用范围是什么?

4. 达西定律实验应如何进行?

2.2　不可压缩液体的平面单向流实验

当只考虑流体沿一个方向流动时,假设 x 为方向。基本微分方程为

$$\frac{\partial^2 p}{\partial x^2} = 0$$

1.定解条件(边界条件)

供给边界上：$\qquad\qquad x=0, \quad p=p_e$

排液道处：$\qquad\qquad x=L, \quad p=p_B$

解得上述渗流数学模型得到地层内任一点的压力分布公式为

$$p = p_e - \frac{p_e - p_B}{L}x \qquad\qquad (2.5)$$

式中 p_e——供给压力,MPa;

$\qquad p_B$——排液道压力,MPa;

$\qquad L$——岩心长度,m。

由公式(2.5)可知:①地层压力与沿程位移成一次线性关系;②斜率为 $-\dfrac{p_e - p_B}{L}$;③平面单向流的压力消耗特点,即在沿程渗流过程中压力是均匀下降的(图2.2)。

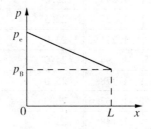

图2.2　单向流压力分布图

2.产量公式

设排液道产量为 q,渗流面积为 A,则

$$q = Av = A \cdot \frac{K(p_e - p_B)}{\mu L} \qquad\qquad (2.6)$$

由(2.6)式表明,当单相液体单向渗流时,产量与位置坐标无关,所以在任意过水断面上均为常数。

2.2.1　实验目的

(1)验证不可压缩流体单向稳定渗流时压力分布规律。

(2)测定孔隙介质的渗透率。

(3)验证压降和渗流面积的关系。

2.2.2　实验装置

实验装置如图2.3所示。

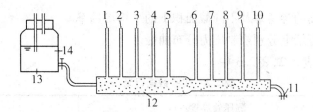

图 2.3 平面单向流实验装置图

1~10—测压管；11—出口螺丝夹；12—装有砂粒的玻璃管；

13—马略特瓶；14—入口螺丝夹

2.2.3　实验原理

当不可压缩液体在水平的砂样中按着达西直线定律作单向稳定渗流时,流量与压降成正比,压力分布为一直线。

根据流量计算公式

$$q = \frac{KA\Delta p}{\mu L}$$

可得渗透率的计算公式为

$$K = \frac{q\mu L}{A\Delta p} \tag{2.7}$$

式中　q——流量,m^3/s；

A——砂层的横截面积,m^2；

K——渗透率,m^2；

Δp——两个渗流面积的折算压差,Pa；

μ——液体的黏度,$mPa \cdot s$；

L——两个横截面积之间的距离,m。

2.2.4　实验步骤

(1)打开入口螺丝夹,关闭出口螺丝夹,等待一定时间后,检查各测压管的液面是否在同一水平面上,若在一个水平面上说明装置完好；

(2)稍微打开出口螺丝夹,等渗滤稳定后(10~15 min),记录各测压管的液面高度,用量筒量取液体体积,用秒表测量液体的流量；

(3)再微开出口螺丝夹,重复步骤(2),在不同流量下测量 3 次；

(4)关闭出口螺丝夹,使装置恢复原状。

2.2.5　实验要求

(1)在做实验前由课代表将预习报告交到实验主讲教师处。

（2）求孔隙介质的渗透率及不同截面积下的平均渗透率。

（3）在直角坐标纸上分别绘制压力分布曲线。

实验数据填入表2.2、表2.3中。

表2.2　实验数据记录（一）

序号	测压管高度/cm										体积/cm³	时间/s
	1	2	3	4	5	6	7	8	9	10		
1												
2												
3												

表2.3　实验数据记录（二）

序号	$q/(m^3 \cdot s^{-1})$	$\Delta p_1/Pa = p_1 - p_5$	$\Delta p_2/Pa = p_6 - p_{10}$	K/m^2	
				K_1	K_2
1					
2					
3					

注：①Δp_1 为2管开始算，舍去1管，计算时 L 为 $4 \times 3 = 12$ cm。

②Δp 从6管至10管，计算时 L 为 $4 \times 4 = 16$ cm。

③$\overline{K} = \dfrac{\sum\limits_{i=1}^{3} Q_i K_i}{\sum\limits_{i=1}^{3} Q_i}$。

2.2.6　思考题

1. 简述不可压缩液体的平面单向流实验的意义。

2. 简述在生产中怎样应用不可压缩液体的平面单向流实验原理。

2. 简述不可压缩液体的平面单向流实验的方法及原理。

3. 简述不可压缩液体的平面单向流实验数据的处理方法。

2.3　不可压缩液体的平面径向流实验

2.3.1　实验模型建立

1. 平面径向流的渗流数学模型

基本微分方程：

$$\frac{\mathrm{d}^2 p}{\mathrm{d}r^2} + \frac{1}{r}\frac{\mathrm{d}p}{\mathrm{d}r} = 0 \quad \text{或} \quad \frac{1}{r}\frac{\mathrm{d}}{\mathrm{d}r}\left(r\frac{\mathrm{d}p}{\mathrm{d}r}\right) = 0$$

2. 定解条件

供给边界 $r = r_e$ 处：
$$p = p_e$$

井底 $r = r_w$ 处：
$$p = p_{w,f}$$

3. 解渗流数学模型

得到单向液体稳定渗流时,平面径向流情况下的地层压力分布公式为

$$p = p_e - \frac{p_e - p_{w,f}}{\ln\dfrac{r_e}{r_w}}\ln\frac{r_e}{r} \tag{2.8}$$

或

$$p = p_{w,f} + \frac{p_e - p_{w,f}}{\ln\dfrac{r_e}{r_w}}\frac{r}{r_w} \tag{2.9}$$

从以上公式可看出,地层压力与供给半径呈对数关系(图2.4)。

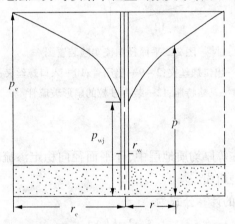

图 2.4　径向流压力分布图

从图 2.4 中可看出,地层压力分布形似漏斗,所以习惯上称为压降漏斗,两条曲线称为压降漏斗曲线。压降漏斗曲线在井底处的斜率最大,所以平面径向流压力消耗的特点是:压力主要消耗在井底附近,这是因为越靠近井底,渗流面积越小,渗流速度越大。

4. 产量公式

平面径向流的渗流面积 $A = 2\pi rh$,则产量为

$$q = Av = \frac{2\pi Kh(p_e - p_{w,f})}{\mu\ln\dfrac{r_e}{r_w}} \tag{2.10}$$

从式(2.10)中可得:①增加供给压力或降低井底流压,即增大压差可以提高井产量;②改善地层的渗透率可以提高产量;③降低原油黏度可以提高油井产量。

2.3.2　实验目的

（1）验证不可压缩流体按照线性定律作平面径向稳定渗流时压力的分布规律及产量和压降的关系。

（2）绘制产量和压降的关系曲线和压力分布曲线。

（3）测定孔隙介质的渗透率。

2.3.3　实验装置

实验装置如图 2.5 所示。

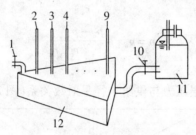

图 2.5 平面径向流实验装置图

1—出口螺丝夹；2～9—测压管；10—入口螺丝夹；

11—马略特瓶；12—装有砂粒的扇形玻璃管

2.3.4　实验原理

当不可压缩的液体在等厚均质地层中，作平面径向稳定渗流时，流量与压降成正比，压力分布曲线为一对数型曲线。

在扇形地层中，流量的计算公式为

$$q = \frac{2\pi K h \Delta p}{\dfrac{360°}{\alpha} \mu \ln \dfrac{R_9}{R_2}} \tag{2.11}$$

所以渗透率的计算公式为

$$K = \frac{\dfrac{360°}{\alpha} q \mu \ln \dfrac{R_9}{R_1}}{2\pi h \Delta p} \tag{2.12}$$

式中　q——流量，$\mathrm{m^3/s}$；

　　　K——渗透率，$\mathrm{m^2}$；

　　　h——地层厚度，m；

　　　α——扇形中心角，（°）；

　　　Δp——测压孔 8 和测压孔 1 之间的压差，Pa；

R_9——测压孔 8 到中心的距离,m;

R_2——测压孔 1 到中心的距离,m。

2.3.5　实验步骤

(1)打开入口螺丝夹,关闭出口螺丝夹,等待一定时间后,检查测压管内液体是否处在同一水平面上,若在一个水平面上说明装置完好;

(2)稍微打开出口螺丝夹,等渗滤稳定后记录各测压管的高度,同时用量筒秒表测量液体的流量;

(3)再微开出口螺丝夹,重复步骤(2),在不同的流量下测量 3 次;

(4)关闭出口螺丝夹,将装置恢复原状。

有关固定数据:$\alpha = 30°$,$h = 0.18$ m。

各测压管距中心的距离 $R_2 = 0.05$ m,$R_3 = 0.1$ m,$R_4 = 0.15$ m,$R_5 = 0.20$ m,$R_6 = 0.25$ m,$R_7 = 0.40$ m,$R_8 = 0.55$ m,$R_9 = 0.75$ m。

2.3.6　实验要求

(1)求孔隙介质的渗透率及平均渗透率。

(2)在直角坐标纸上分别绘制压力分布曲线和指示曲线。

(3)在半对数坐标纸中绘制出不同流量下的压力分布曲线。

(4)分析平面径向流压力分布特点。

实验数据填入表 2.4 和表 2.5 中。

表 2.4　实验数据记录(一)

序号	测压管高度/cm								体积/cm³	时间/s
	2	3	4	5	6	7	8	9		
1										
2										
3										

表 2.5　实验数据记录(二)

序号	q /(m³·s⁻¹)	Δp /Pa	K /m²	$\overline{K}$/m²
1				
2				
3				

2.3.7 思考题

(1)简述不可压缩液体的平面径向流实验的目的。

(2)实验的基本原理是什么？

(3)简述实验装置与操作方法。

(4)讨论实验装置的改进建议。

第 **3** 章

工程流体力学实验

3.1 雷诺实验

3.1.1 实验目的

(1)液体流动时的层流和紊流现象。区分两种不同流态的特征,了解两种流态产生的条件,分析圆管流态转化的规律,加深对雷诺数的理解。

(2)色水在管中的不同状态下的雷诺数及沿程水头损失。绘制沿程水头损失和断面平均流速的关系曲线,验证不同流态下沿程水头损失的规律是不同的。进一步掌握层流、紊流两种流态的运动学特性与动力学特性。

(3)对颜色水在管中的不同状态进行分析,加深对管流不同流态的了解。学习古典流体力学中应用无量纲参数进行实验研究的方法,并了解其实用意义。

3.1.2 实验设备

图3.1是流态实验装置图。它由能保持恒定水位的水箱、试验管道及能注入有色液体的部分等组成。实验时,只要微微开启出水阀,并打开有色液体盒,连接管上的小阀,色液即可流入圆管中,显示出层流或紊流状态。

供水流量由无级调速器调控,使恒压水箱4始终保持微溢流的程度,以提高进口前水体稳定度。本恒压水箱还设有多道稳水隔板,可使稳水时间缩短到3~5 min,有色水经水管5注入实验管道8,可据有色水散开与否判别流态。为防止自循环水污染,有色指示水采用自行消色的专用有色水。

3.1.3 实验原理

(1)运动时,液体存在着两种根本不同的流动状态。当液体流速较小时,惯性力较小,黏滞力对质点起控制作用,使各流层的液体质点互不混杂,液流呈层流运动。当液体流速逐渐增大时,质点惯性力也逐渐增大,黏滞力对质点的控制逐渐减弱。当流速达到一定程度时,各流层的液体形成涡体,并能脱离原流层,液流质点互相混杂,液流呈紊流运动。这种从层流到紊流的运动状态,反应了液流内部结构从量变到质变的一个变化过程。

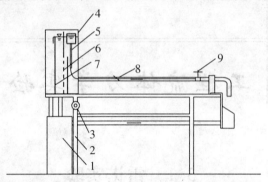

图 3.1 自循环液体两种流态演示实验装置图

1—自循环供水器;2—实验台;3—可控硅无级调速器;4—恒压水箱;

5—有色水水管;6—稳水孔板;7—溢流板;8—实验管道;9—实验流量调节阀

液体运动的层流和紊流两种形态,首先由英国物理学家雷诺进行了定性与定量的证实,并根据研究结果,提出液流形态,可用下列无量纲数来判断,即

$$Re = \frac{Vd}{\nu} \tag{3.1}$$

其中,Re 称为雷诺数。液流形态开始变化时的雷诺数称为临界雷诺数。

在雷诺实验装置中,通过有色液体的质点运动,可以将两种流态的根本区别清晰地反映出来。在层流中,有色液体与水互不混掺,呈直线运动状态。在紊流中,有大小不等的涡体振荡于各流层之间,有色液体与水混掺。

(2)在图 3.1 所示的实验设备图中,取任意两断面,由恒定总流的能量方程知

$$z_1 + \frac{p_1}{\gamma} + \frac{a_1 V_1^2}{2g} = z_2 + \frac{p_2}{\gamma} + \frac{a_2 V_2^2}{2g} + h_f \tag{3.2}$$

因为管径不变,则

$$V_1 = V_2 \tag{3.3}$$

所以

$$h_f = \left(z_1 + \frac{p_1}{\gamma}\right) - \left(z_2 + \frac{p_2}{\gamma}\right) = \Delta h \tag{3.4}$$

所以,压差计两侧压管水面高差 Δh 即为任意两断面间的沿程水头损失,用质量法或体积法测出流量,并由实测的流量值求得断面平均流速 $V = \frac{Q}{A}$,作为 $\lg h_f$ 和 $\lg V$ 的关系曲线,如图 3.2 所示,曲线上 EC 段和 BD 段均可用直线关系式表示,由斜截式方程得:

$$\lg h_f = \lg k + m \lg v$$

$$\lg h_f = \lg k v^m$$

$$h_f = kv^m$$

式中　m——为直线的斜率。

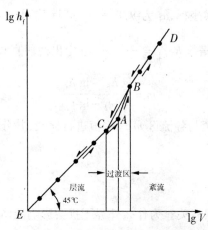

图 3.2　沿程水头损失与流速关系曲线

其中

$$m = \tan \theta = \frac{\lg h_{f_2} - \lg h_{f_1}}{\lg v_2 - \lg v_1}$$

实验结果表明 $EC = 1$，$\theta = 45°$，说明沿程水头损失与流速的一次方成正比例关系，为层流区。BD 段为紊流区，沿程水头损失与流速的 1.75~2 次方成比例，即 $m = 1.75~2.0$，其中 AB 段即为层流向紊流转变的过渡区，BC 段为紊流向层流转变的过渡区，C 点为紊流向层流转变的临界点，C 点所对应流速为下临界流速，C 点所对应的雷诺数为下临界雷诺数。A 点为层流向紊流转变的临界点，A 点所对应流速为上临界流速，A 点所对应的雷诺数为上临界雷诺数。

3.1.4　实验步骤

(1)电流开关向水箱充水，使水箱保持溢流。

(2)开启泄水阀及有色液体盒出水阀，使有色液体流入管中。调节泄水阀，使管中的有色液体呈一条直线，此时水流即为层流。此时用体积法测定管中过流量。

(3)调大泄水阀开度，观察有色液体的变化，在某一开度时，有色液体由直线变成波状形，再用体积法测定管中过流量。

(4)逐渐开大泄水阀开度，使有色液体由波状形变成微小涡体扩散到整个管内，此时管中即为紊流，并用体积法测定管中过流量。

(5)逆序，即泄水阀开度从大逐渐关小，再观察管中流态的变化现象，并用体积法测定管中过流量。

3.1.5 绘图分析

在双对数纸上以 V 为横坐标，h_f 为纵坐标，绘制 $\lg V \sim \lg h_f$ 曲线，并在曲线上找上临界流速 $V_{K上}$，计算上临界雷诺数 $Re_{K上} = \dfrac{V_{K上} \cdot d}{v}$，并定出两段直线斜率 m_1, m_2。

$$m = \frac{\lg h_{f_2} - \lg h_{f_1}}{\lg v_2 - \lg v_1} \tag{3.5}$$

将从图 3.2 求得的 m 值与各流区 m 理论值进行比较，并分析不同流态下沿程水头损失的变化规律。

3.1.6 思考题

1. 液体流态与哪些因素有关？为什么外界干扰会影响液体流态的变化？
2. 雷诺数的物理意义是什么？为什么雷诺数可以用来判别流态？
3. 临界雷诺数与哪些因素有关？为什么上临界雷诺数和下临雷诺数不一样？
4. 流态判据为何采用无量纲参数，而不采用临界流速？
5. 分析层流和紊流在动力学特性和运动学特性方面各有何差异？
6. 为何认为上临界雷诺数无实际意义，而采用下临界雷诺数作为层紊流的判据？本实验中如在相同条件下（如环境、温度、仪器设备等）测出下临界雷诺数与所测上临界雷诺数有何异同？为什么？

3.2 流体沿程阻力实验

3.2.1 流体沿程阻力试验方法(一)

1. 实验目的

(1)测定不同雷诺数 Re 时的沿程阻力系数 λ。

(2)掌握沿程阻力系数的测定方法。

2. 实验装置

该实验由管道、测压管及阀门组成，如图 3.3 所示。

3. 实验原理

在本实验中伯努利方程式可表示为

$$Z_1 + \frac{P_1}{\rho g} + \frac{v_1^2}{2g} = Z_2 + \frac{P_2}{\rho g} + \frac{v_2^2}{2g} + h_f \tag{3.6}$$

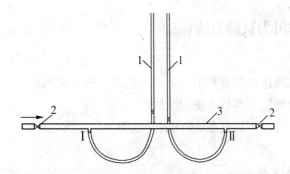

图 3.3　流体沿程阻力测定仪示意图
1—测压管;2—阀门;3—管道

其中

$$Z_1 = Z_2, \quad v_1 = v_2$$

对 Ⅰ、Ⅱ 两断面列伯努利方程,可求得 L 长度上的沿程水头损失为

$$h_f = \frac{p_1}{\rho g} - \frac{p_2}{\rho g} = \Delta h \tag{3.7}$$

根据达西公式

$$h_f = \lambda \frac{L}{d} \cdot \frac{v^2}{2g} \tag{3.8}$$

用流量计测得流量(仔细阅读流量计使用方法),并计算出断面平均流速,即可求得沿程阻力系数 λ 为

$$\lambda = \frac{2gdh_f}{Lv^2} \tag{3.9}$$

4. 实验步骤

(1)调节进水阀门,使测压管中出现高差;

(2)水阀门和测压管中水位应一平,如仍有高差,说明连接管中有气泡,应赶净;

(3)计测流量。

5. 要求

实验报告是实验后要完成的一份书面材料。实验报告的内容一般包括实验名称、班级、实验人姓名、实验时间、实验目的、实验步骤、实验数据记录及处理、结论与讨论等多项内容。实验报告一律用流体力学实验报告用纸书写。

6. 问题

什么叫沿程阻力? 影响因素有哪些?

3.2.2 流体沿程阻力试验方法(二)

1.实验目的

(1)观察和测试流体在等直管道中流动时的能量损失情况。

(2)掌握管道沿程阻力系数的测定方法。

(3)了解阻力系数在不同流态、不同雷诺数下的变化情况。

2.实验装置

实验装置如图3.4所示。

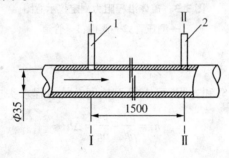

图3.4 流体沿程阻力测定仪

1—过流断面Ⅰ~Ⅰ;2—过流断面Ⅱ~Ⅱ

3.实验原理

根据达西公式

$$\Delta h_f = \lambda \times \frac{l}{d} \cdot \frac{V^2}{g} \tag{3.10}$$

则

$$\lambda = \frac{2gd}{lV^2}\Delta h_f = \frac{2g\pi^2 d^5}{16lQ^2}\Delta h_f \tag{3.11}$$

式中 λ——沿程阻力系数;

d——实验管段内径,0.025 m;

l——实验管段长度,1.5 m;

Q——体积流量,m^3/s。

相应雷诺数为

$$Re = \frac{Vd}{v} = \frac{4Qd}{\pi d^2 v} = 1.273\frac{Q}{dv} \tag{3.12}$$

式中 v——试验工况下的运动黏度,m^2/s;

V——试验工况下水流的平均流速,m/s。

4.实验步骤

(1)首先缓慢打开(顺时针方向)流量调节阀、溢流阀及放水阀,再开启水泵给各水箱

上水,使各水箱处于溢流状态,以保证测量水位稳定;

(2)缓慢关闭(逆时针方向)流量调节阀,排出测试管段内空气,直到测压计的所有玻璃管水位高度一致;

(3)缓慢打开流量调节阀到一适当开度(应预先估计,使阀在全关到全开,即00~900范围,能调出6~8个不同开度),同时观察测压计。当液柱稳定后关闭放水阀,记录所测管段进出口玻璃管液位及计量水箱接纳一定容积水所用的时间;

(4)调节到另一开度,重复上述测量内容,共测量6~8个不同开度,将测试数据记入数据表。

5. 沿程阻力数据及处理

实验数据填入表 3.1 中。

表 3.1　实验数据及处理

项目 数据 序号	液体总体积 Q/m^3	计时时间 T/s	实际流量 $Q_实/(m^3 \cdot s^{-1})$	平均流速 $V/(m \cdot s^{-1})$	液位 /mm 左	液位 /mm 右	压差 $\Delta h/m$	阻力系数 λ	$Re \times 10^4$
1									
2									
3									
4									
5									
6									
7									
8									

按对数坐标,作出实验数据曲线图(参考莫迪图做法),分析 λ 随 Re 数的变化情况。

6. 误差分析

含绝对误差、相对误差及误差原因分析。

3.3　流体局部阻力综合性实验

3.3.1　文丘里流量计实验

1. 实验目的

(1)测定文丘里流量计的流量系数。

(2)验证伯努利方程的正确性。

2. 实验装置

实验装置如图 3.5 所示。

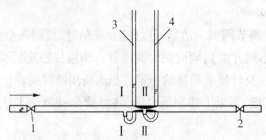

图 3.5   文丘里管流量测定

1,2—阀门;3,4—测压管;Ⅰ,Ⅱ—过流断面

3. 实验原理

在图 3.5 中,文丘里流量计入口Ⅰ~Ⅰ断面,在其喉部收缩段处取Ⅱ~Ⅱ断面,由于流量计属于水平放置,则可列出上述两断面的伯努利方程(不计水头损失)为

$$Z_1 + \frac{p_1}{\rho g} + \frac{a_1 v_1^2}{2g} = Z_2 + \frac{p_2}{\rho g} + \frac{a_2 v_2^2}{2g} \qquad (3.13)$$

其中

$$Z_1 = Z_2$$

根据连续性方程得

$$v_1 A_1 = v_2 A_2 = Q \qquad (3.14)$$

令

$$a_1 = a_2 = 1$$

解式(3.13)、式(3.14)可得计算流量的公式为

$$Q = \frac{A_2}{\sqrt{1 - (\frac{A_2}{A_1})^4}} \cdot \sqrt{2g \cdot \frac{p_1 - p_2}{\rho g}}$$

或

$$Q = \frac{\frac{\pi d_2^2}{4}}{\sqrt{1 - (\frac{d_2}{d_1})^4}} \cdot \sqrt{2g \cdot \frac{p_1 - p_2}{\rho g}}$$

其中 $\frac{p - p_2}{\rho g}$ 为两断面测压管水头差,即测压计内的液面高差为 Δh。

令

$$k = \frac{\frac{\pi d_2^2}{4}}{\sqrt{1 - (\frac{d_2}{d_1})^4}} \cdot \sqrt{2g} \qquad (3.15)$$

上式可写成

$$Q = k \cdot \sqrt{\Delta h} \qquad (3.16)$$

因此,测出测压计水位高差 Δh 后,即可求出计算流量 Q。

由于实际上所取的两个断面之间存在着水头损失,所以实际流量 Q_o 一般要略小于计算流量 Q。实际流量 Q_o 用体积法测定,即

$$Q_o = \frac{\nabla}{\Delta t} \qquad (3.17)$$

∇ 为在 Δt 时间内,水由管道流入计量箱内的体积。

如令

$$\mu = \frac{Q_o}{Q} \qquad (3.18)$$

则 μ 是一小于 1 的数,称为流量系数。

本实验的目的就是用实验的方法确定流量系数 μ 的具体数值。

4. 实验步骤

(1)准备工作。

①记录仪器常数 d_1,d_2,并计算出 k 值;

②检查测压计液面是否水平(此时 $Q=0$),如果不在同一个水平面上,必须将橡胶管内空气排尽,使两侧压管的液面处于水平状态,才能进行实验;

③如图 3.5 所示,阀门 1、2 为实验阀门,可先调至较小开度;

④文丘里流量计收缩断面(测点 2),经常处于负压状态,实验前应将连接胶管灌满水,才能进行实验,否则往里进气。

(2)进行实验。

①开泵,此时 1、2 测压管内应出现较小高差;

②缓慢开启阀门 1,使压差调到最大(如 2 号测压管中液位降得太低,可关小阀门 2,使液位抬高;如测压计中液位太高,可用压气球加压,压低液位)。

注意:如出现测压管冒水现象,不必惊慌,可把阀门 2 全开或停泵重做。

5. 实验要求

实验报告是实验后要完成的一份书面材料。实验报告的内容一般包括实验名称、班级、实验人姓名、实验时间、实验目的、实验步骤、实验数据记录及处理、结论与讨论等多项内容。实验报告一律用流体力学实验报告,用笔在纸上书写。

6. 问题

影响流量系数的因素是什么?

3.3.2　局部阻力系数的测定

1. 实验目的

(1)测定阀门不同开启度时(有全开、30°和45° 3 种)的阻力系数。

（2）掌握局部水头损失的测定方法。

2. 实验装置

实验装置如图 3.6 所示，其中 1~4 均为过流断面。

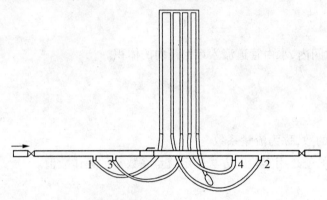

图 3.6　局部阻力系数测定仪

3. 实验原理

在本实验中伯努利方程式可表示为

$$Z_1 + \frac{P_1}{\rho g} + \frac{v_1^2}{2g} = Z_2 + \frac{P_2}{\rho g} + \frac{v_2^2}{2g} + h_w \tag{3.19}$$

其中

$$Z_1 = Z_2, \quad v_1 + v_2$$

对测点 1、2 两断面列伯努利方程式，可求得阀门的局部水头损失及 $2(L_1 + L_2)$ 长度上的沿程水头损失，以 h_{w1} 表示为

$$h_{w1} = \frac{p_1 - p_2}{\rho g} = \Delta h_1 \tag{3.20}$$

对测点 3、4 两断面列伯努利方程式，可求得阀门的局部水头损失及 $(L_1 + L_2)$ 长度上的沿程水头损失，以 h_{w2} 表示，则

$$h_{w2} = \frac{p_3 - p_4}{\rho g} = \Delta h_2 \tag{3.21}$$

阀门的水头损失为 $h_w = 2h_{w2} - h_{w1}$，所以，阻力系数为

$$\zeta = \frac{2(h_3 - h_4) - (h_1 - h_2)}{v^2/2g} \tag{3.22}$$

4. 实验步骤

（1）开泵。如图 3.6 所示，调节进水阀门，使测压管 1、2、3、4 出现压差，如管中液位太高，可用压气球打压，使液位降低，以增加量测范围。

（2）先闭进水阀门，测压管中水位应一平，如不平，说明连接胶管中有气泡，应赶净后再进行实验。

（3）用流量计量侧流量。

注意：如出现测压管冒水现象，不必惊慌，可把出水阀门全关或停泵重做。

5. 实验要求

实验报告是实验后要完成的一份书面材料。实验报告的内容一般包括实验名称、班级、实验人姓名、实验时间、实验目的、实验步骤、实验数据记录及处理、结论与讨论等多项内容。实验报告一律用流体力学实验报告，用笔在纸上书写。

3.3.3　分析与思考

1. 什么叫沿程阻力？什么叫局部阻力？
2. 影响沿程阻力与局部阻力的因素有哪些？
3. 分析在实际集油管中影响沿程阻力与局部阻力的因素。

3.4　流体能量平衡方程综合性实验

3.4.1　实验目的

伯努利方程是水力学三大基本方程之一，反映了水流在流动时，位能、压能、动能之间的关系。

（1）了解、掌握总水头线和测压管水头线在局部阻力和沿程阻力处的变化规律。

（2）了解、掌握总水头线在不同管径段的下降坡度，即水力坡度 J 的变化规律。

（3）掌握总水头线沿程下降和测压管水头线升降都有可能的原理。

（4）用实例流量计算流速水头去核对测压板上两线的正确性。

（5）了解不同管径流速水头的变化规律。

3.4.2　设备简图

本实验台由高位水箱、供水箱、水泵、测压板、有机玻璃管道、铁架、量筒等部件组成，可直观地演示水流在不同管径、不同高程的管路中流动时，上述 3 种能量之间的复杂变化关系，如图 3.7 所示。

3.4.3　实验原理

过水断面的能量由位能、压能、动能 3 部分组成。水流在不同管径、不同高程的管路中流动时，3 种能量不断地相互转化，在实验管道各断面设置测压管及测速管，即可演示出 3 种能量沿程变化的实际情况。

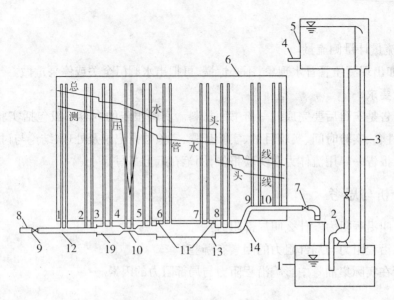

图3.7 设备简图

1—贮水箱;2—水泵;3—溢流管;4—供水管;5—高压水箱;6—测压板;7—出水阀门;

8—接供水管;9—调节阀;10—文丘里管 $d=8$ mm;11—排气阀;12—$d=13.5$ mm;

13—$d=26$ mm;14—$d=13.5$ mm

测压管中水位显示的是位能和压能之和,即伯努利方程中之前两项:$Z+\dfrac{p}{\rho g}$,测速管中水位显示的是位能、压能和动能之和。即伯努利方程中3项之和:$Z+\dfrac{p}{\rho g}+\dfrac{v^2}{2g}$。

将测压管中的水位连成一线,称为测压管水头线,反映势能沿程的变化;将测速管中的水位连成一线,称为总水头线,反映总能量沿程的变化,两线的距离即为流速水头 $v^2/2g$。

本实验台在有机玻璃实验管道的关键部位处,设置测压管及测速管,适当的调节流量就可把总水头线和测压管水头线绘制于测压板上。

注:流速水头值是采用断面平均流速求得,而实测流速水头值是根据断面最大速度得出,显然实测值比计算值约高1.3倍。

3.4.4 实验步骤

(1)开动水泵,将供水箱内之水箱至高位水箱;

(2)高位水箱开始溢流后,调节实验管道阀门,使测压管,测速管中水位和测压板上红、黄两线一致;

(3)在实验过程中,始终保持微小溢流;

(4)如水位和红黄两线不符,有两种可能:一是连接橡皮管中有气泡,可不断用手挤捏橡皮管,使气泡排出;二是测速管测头上挂有杂物,可转动测头使水流将杂物冲掉。

3.4.5　报告要求

实验报告是实验后要完成的一份书面材料。实验报告的内容一般包括实验名称、班级、实验人姓名、实验时间、实验目的、实验步骤、实验数据记录及处理、结论与讨论等多项内容。实验报告一律用流体力学实验报告，用笔在纸上书写。

3.4.6　讨论题

1. 什么是速度水头、位置水头、压力水头？速度水头、测压管水头和总水头什么关系？
2. 总水头线和测压管水头线在局部阻力和沿程阻力处有怎样的变化？为什么？

第 4 章

油气井工程实验

4.1 岩石硬度与塑性的测定实验

4.1.1 实验目的

(1)掌握岩石硬度的测定方法。

(2)掌握岩石塑性系数的测定方法。

4.1.2 实验原理

硬度是反映岩石抵抗工具侵入破坏的能力的参数。在一定的压力下,用同一个压头对同一种岩样进行加压实验,通过记录岩石破坏时所加的压力与压头的面积可以测定该岩石的硬度。试验时,在每块岩样上重复测试 3 次,记录每次岩石破坏时所加的压力,求压力的平均值,与压头面积的比值作为该岩石的硬度值。岩石的塑性系数为岩石破碎前耗费的总功与弹性变形功的比值。根据绘制的实验曲线进行计算。

4.1.3 实验步骤

(1)将位移传感器调整到最上端。

(2)放置岩样。

(3)加压确定零点。打开记录仪,按照菜单提示设置记录方式。摇动手摇泵,活塞慢慢上升,确保最下面垫块的横梁先与位移传感器接触,当记录仪显示压力有变化时,说明岩样与压头已经接触岩石,停止摇动手摇泵,此时记录下位移值和压力值作为零点。

(4)加压破坏岩石。用手摇泵均匀加载,每隔压力增量 20 千克记录一组压力和位移值,直至岩样破碎(有响声),该点测试完毕。

(5)卸压。

(6)移动岩样。使测点相距大于 10 mm,重复第(2)~(5)步。

(7)关闭记录仪。

(8)整理实验台面。

4.1.4　实验设备

岩石硬度仪如图 4.1 所示。

图 4.1　岩石硬度仪

1.操作要点

(1)位移传感器一定要轻放,并且固定牢靠。

(2)实验过程中一定要保持安静,以便听到岩石破碎的清脆的声音。

(3)数据记录时一般每隔 10~20 kg 记录一个点。

2.数据记录

数据记录填入表 4.1 中。

表 4.1 实验数据记录表

岩石名称与编号	1	2	3	4	5	6
测试数据测点及参数						
1　压力/kg						
1　位移/mm						
2　压力/kg						
2　位移/ mm						
3　压力/kg						
3　位移/ mm						

4.1.5　数据处理与分析

压力与压入深度关系曲线如图4.2所示。计算和绘图过程中将所记录的数据进行处理：

（1）压力 = 记录压力×2；

（2）位移 = 记录位移/10。

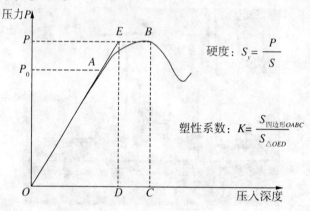

图4.2　压力与压入深度关系曲线

4.2　岩石可钻性的测定实验

4.2.1　实验目的

（1）掌握可钻性的测定方法。

（2）学会如何根据岩石可钻性进行钻头选型。

4.2.2　实验原理

1.基本概念

岩石可钻性是综合反映岩石物理力学性质（如硬度、强度、研磨性等）、钻井工艺条件（如钻头类型、操作水平、水力条件等）。

2.基本原理

用微钻头在岩样上钻孔，通过实钻钻时确定岩石的可钻性。

3.实验条件

（1）环境：常温常压。

（2）钻头直径：32.75 mm。

(3)钻压:889.66 N(牙轮钻头)或593 N(PDC 钻头)。

(4)转速:55 r/min。

(5)钻进深度:2.4 mm(牙轮钻头)或4 mm(PDC 钻头)。

4.2.3　实验仪器

岩石可钻性测定仪如图4.3所示。

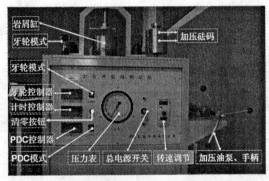

图4.3 岩石可钻性测定仪

4.2.4　实验步骤

1.牙轮钻头实验操作规范

(1)将加工好的岩石放在岩心支架上,旋转手轮将岩石压紧;

(2)选择放置两个砝码;

(3)用手摇泵进行加压,使砝码升到最上端(小于0.9 MPa)后,回退手摇泵,使之压力表显示为0.8 MPa 左右;

(4)打开总电源开关;

(5)选择牙轮模式;

(6)按下"清零"按钮,当牙轮控制器和计时器显示数据均为零后再按清零开关;

(7)开电机开关;

(8)钻完后,电机自停止,并记录计时器上显示的钻时;

(9)关闭电机开关;

(10)手摇泵缓慢卸压,观察牙轮控制器的数据显示为0时,立即停止卸压,使负压尽可能小;

(11)松开旋转手轮,卸下石头;

(12)关闭牙轮模式;

(13)关闭总电源;

(14)清理岩屑盘,清理仪器面板和实验台面。

2. PDC 钻头实验操作规范

(1)将加工好的岩石放在岩心支架上,旋转手轮将岩石压紧;

(2)选择放置一个砝码(下端);

(3)用手摇泵进行加压,使砝码升到最上端(小于 0.6 MPa)后,回退手摇泵,使之压力表显示为 0.5 MPa 左右;

(4)打开总电源开关;

(5)选择 PDC 模式;

(6)按下"清零"按钮,当 PDC 控制器和计时器显示数据均为零后再按清零开关;

(7)打开电机开关;

(8)钻完后,电机自动停止,并记录计时器上显示的钻时;

(9)关闭电机开关;

(10)手摇泵缓慢卸压,观察 PDC 控制器的数据显示为 0 时,立即停止卸压,使负压尽可能小;

(11)松开旋转手轮,卸下石头;

(12)关闭 PDC 模式;

(13)关闭总电源;

(14)清理岩屑盘,清理仪器面板和实验台面。

3. 工作流程

工作流程如图4.4所示。

4. 操作要点

(1)转速调节按钮不要随意调整。

(2)根据钻头类型选择相应的模式。

(3)注意清零时需要按两次。

4.2.5　实验数据记录与处理、分析

实验数据填入表4.2中。

表 4.2　实验数据记录表

岩石名称与钻头模式		
钻时 t_d/s	1	
	2	
	3	
平均钻时/s		
岩石可钻性级值 k_d		

注:$t_d = \dfrac{t_{d_1} + t_{d_2} + t_{d_3}}{3}$;　$K_d = \log t_{d2}$

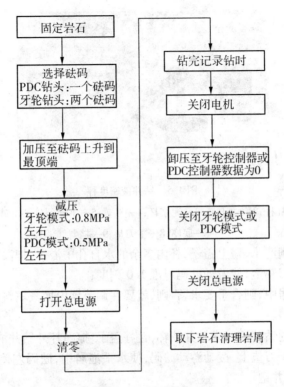

图 4.4   工作流程

4.3   钻井液基本技术参数测定

钻井液常规性能分析按照 API 推荐的试验程序,其内容有:钻井液的密度、漏斗黏度、流变性、滤失量、pH 值、含砂量等。

4.3.1   钻井液的密度测定

钻井液的密度是指单位体积钻井液的质量,其单位可用 g/cm^3 来表示。

1. 测量仪器

凡精确度达到 $\pm 0.01g/cm^3$ 的密度测量仪器都可用来测量钻井液的密度,但最常用的仪器是钻井液密度秤(图 4.5)、搅拌器、钻井液杯等。

2. 测量步骤

(1)标定。

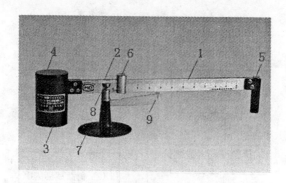

图 4.5　钻井液密度秤

1—杠杆;2—主刀口;3—泥浆杯;4—杯盖;5—平衡圆柱;6—砝码;

7—底座;8—主刀垫;9—挡臂

①钻井液杯盛满清水,盖上盖子,杯内多余的水自孔中溢出,把溢出之水擦净;

②秤杆刀口于刀垫上,使游动砝码对准 1.0 刻度;

③如果水平泡居中,则合乎要求,否则,就要在调节器内加减填料(铅粒),使之居中。

(2)测量。

①将充分搅拌的钻井液盛满钻井液杯,盖好盖子,擦净杯外钻井液;

②置秤杆刀口于刀垫上,拨动游动砝码,使水平泡居中,砝码左侧边线所对刻度即为所测钻井液的密度,并记录。

3. 注意事项。

(1)保护好刀口,每次测完,将秤杆拿离刀垫,下次用时再放在刀垫上。

(2)杯盖不得互换使用。

(3)保护好水平泡。

4.3.2　钻井液的漏斗黏度测量

在现场,钻井液的黏度习惯上常用马氏漏斗黏度计来测量。它是测量钻井液流动时的时间变率,所得结果为表观黏度,通常以"s"为单位。

1. 测量仪器

马氏漏斗黏度计(图 4.6)、搅拌器、钻井液杯。

2. 测量步骤

(1)一手持漏斗,并用手指堵住管口,将充分搅拌的钻井液过筛网注入漏斗 $700\ cm^3$(用量杯两端各量一次);

(2)将量杯 $500\ cm^3$ 的一端朝上,置于漏斗管口下,另一手持秒表,准备测量;

(3)放开堵住管口的手指,同时开动秒表,记下流满 $500\ cm^3$ 量杯时所有的时间,即为钻井液的黏度。

3. 注意事项

(1)使用前要用清水标定,方法同上。用清水标定时,"水值"为 $15\ s \pm 0.5\ s$ 时方可

图 4.6　马氏漏斗黏度计
1—漏斗;2—量杯;3—泥浆;4—秒表

使用。

(2)手持漏斗测黏度时,要保持漏斗中心线垂直。

(3)保护好漏斗管,不可用铁丝等硬物去通。

4.3.3　钻井液的流变性能分析

通常使用六速旋转黏度计(图 4.7)来分析钻井液的流变性能。它有两个同轴直立圆筒(内筒和外筒),当外筒旋转时,由于液体的黏滞性,把运动传给内筒。如果设半径为 r_2 的外筒以恒定角速度 ω 旋转,半径为 r_1 的内筒旋转一定的角度后不再转动。位于两圆筒之间液体则呈同心圆筒层的形式旋转。紧贴外筒的液层,具有和外筒相等的角速度 ω;紧贴内筒的液层的角速度为零。公式推导请参阅有关书籍。

图 4.7　六速旋转黏度计
1—外筒;2—外筒刻线;3—刻度指示;4—弹簧罩;
5—变速杆;6—挡位牌;7—变速箱;8—传动杆;9—电机

1. 测量仪器

(1)电动六速旋转黏度计采用双速同步电机,仪器有 6 个转速,每个转速相应的速梯如表 4.3 所示。

表 4.3　黏度计转数与速梯关系

转速/(r·min^{-1})	600	300	200	100	6	3
速梯/s^{-1}	1022	511	340	170	10	5

测量范围:

黏度　对牛顿流体:0~300 mPa·s

　　　对非牛顿流体:0~150 mPa·s

　　　剪切应力:0~153.3 Pa

(2)变速部分:由变速箱、变速杆及变速电路组成。

(3)测量部分:由扭力弹簧、刻度盘、内筒、外筒组成,内筒与轴为锥度配合,外筒是卡口连接。

(4)支架、箱体部分,包括底座,支撑轴托盘等。

2. 测量步骤

(1)接通电源以 300 r/min 和 600 r/min 试运转,外筒不得有偏摆,掌握好 6 个挡的操作方法。

(2)检查指针是否正对刻度盘 0 位,如果不是,则须调 0 位。

(3)将刚搅拌过的钻井液(约 350 ml)倒入样品杯,立即置于托盘上,上升托盘使液面至外筒刻度线处,固定好托盘,注意样品杯底与外筒底之间的距离不应小于 1.3 cm;

(4)从高速到低速进行测量,待刻度盘平稳后,记下各转速下的刻度盘读数。

(5)静切力测量。先将流体用 600 r/min 搅拌 1 min,然后静止 1 min,用 3 r/min 测量,读得的刻度盘最大值乘以 0.511,即为初切力 θ_1。再将流体用 600 r/min 下搅拌 1 min,静止 10 min,用上述方法测量和计算,即得终切力 θ_{10}。

⑥数据处理:

$$\tau/mPa \cdot s = 5.11(300 - \eta P)$$

$$K/\mu m^2 = \frac{0.511 \times 300}{511n}$$

$$\theta_1/Pa = 0.511 \times \Phi_3 \qquad (1min)$$

$$\theta_{10}/Pa = 0.511 \times \Phi_3 \qquad (10\ min)$$

塑性黏度:　　　　　$$\eta P/mPa \cdot s = \Phi_{600} - \Phi_{300}$$

表观黏度:　　　　　$$\eta a/mPa \cdot s = \frac{1}{2}\Phi_{600}$$

流性指数:　　　　　$$n = 3.32\ lg\frac{\Phi_{600}}{\Phi_{300}}$$

3. 实验要求

(1)按表4.4记录数据。

表4.4　数据记录表

读数 流体	Φ_{600}	Φ_{300}	Φ_{200}	Φ_{100}	Φ_6	Φ_3
油						
高分子溶液						
钻井液						

(2)计算 $\eta a, \eta P, \tau_0, n, K, \theta_1, \theta_{10}$,绝对黏度 $\eta_{绝}$、极限高剪黏度 η_∞,卡森动切应力 τ_c。

(3)在同一张坐标纸上绘制3种流体的实际流变曲线,并指出它们各属何种流体。

(4)对钻井液按宾汉、幂律、卡森模式进行计算,并分别绘制流变曲线。对绘制的理论曲线与实际流变曲线相比较,所测钻井液的实际曲线与哪种模式相近。

4.3.4　钻井液的滤失量、泥饼厚度及 pH 值的测定

钻井液滤失量的测定,对钻井液的控制及处理将起到重要作用。该性能不仅受到钻井液中固相含量以及一些物理及化学方面的影响,同时也将受到温度及压力变化的影响。因此,通常需要测量室温低压下滤失量及高温高压下的滤失量。这里只介绍测量室温低压下的滤失量。若在生产实际中需要测高温高压下的滤失量,可参阅有关资料。

1. 测量仪器

六联(或 ZNS)型气压失水仪结构如图4.8所示。

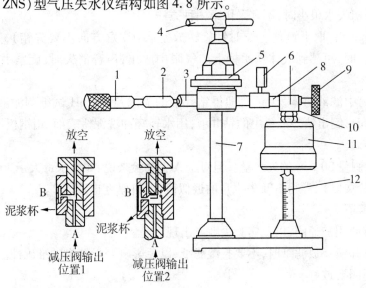

图4.8　失水仪

1—盖;2—气瓶;3—通气体;4—手柄;5—减压阀;6—压力表;7—支架;

8—输出部件;9—放空阀;10—三通头;11—泥浆杯;12—量筒

ZNS 型气压失水仪的工作原理:

气源输入部件由盖 1、气瓶 2 和通气 3 组成(六联失水仪用钢瓶供气)。把装有 CO_2 气体的气瓶装入气源输入部件。把盖拧紧,气瓶即打开。CO_2 气体进入减压阀 5,拧紧手柄 4,可使输出的气体压力达到要求值。减压阀上装有压力表 6,指示此压力。输出部件 8 上装有放空阀 9 和三通接头。三通接头与钻井液杯 11 接通。放空阀把剩余压力放空。其工作原理见图 4.7。当放空阀关死时,即处于位置 1,减压阀输出被密封圈堵死,气体无法进入钻井液杯。而钻井液杯与大气相通。当放空阀退出时,即处于位置 2,钻井液杯与大气隔绝而与减压阀输出相通。CO_2 气体由减压阀输出进入钻井液杯,当放空阀恢复到位置 1 时,这时钻井液杯内气体放空,便可安全卸下钻井液杯。

2. 测量步骤

(1)打开气瓶,调整减压阀,使之准确为 0.7 MPa。

(2)取下钻井液杯,在底部扁密封圈下放一张 Φ_9 滤纸,旋紧钻井液杯卡口,倒入钻井液至杯内刻度线,小心放到支撑架上,放好上部密封圈(大小要合适,必要时用手摸一下,以防止密封不严),旋紧钻井液杯盖顶部螺丝。取一支量筒,放到支撑架托盘上,上移托盘至合适位置,用螺丝固定好。拿好秒表,准备测量。

(3)逆时针旋转放空阀手柄至一定程度,气体进入钻井液杯,按动秒表,开始计时。此时不可继续旋转手柄,以防止将放空阀完全旋出,将气源气体完全放出。观察气体是否进入钻井液杯,基本有两种方法:第一种,当钻井液杯排放管有滤液出现时,表明已进气;第二种,当压力表指针往回偏摆,以后又慢慢恢复到 0.7 MPa 时,表明气体已进入钻井液杯,当钻井液初失水很小时,不宜采用第一种方法。

(4)30 min 后,取下量筒。顺时针旋转放空阀(注意方向不要弄错),直到听到"咝咝"的声音,同时,可感到气体从手柄上的气眼中放出,声音消失时,旋紧手柄,即可安全卸下钻井液杯。

读取量筒中滤液的体积(ml),即得钻井液的失水量;用 pH 试纸测滤液的 pH 值,即得钻井液的 pH;倒出钻井液杯中的钻井液,用水轻轻冲洗泥饼表面,用钢板尺即可测量泥饼的厚度(mm)。

通常,应测量 30 min 的失水量。但对于 API 试验来说,如失水量大于 8 ml,用7.5 min 所得的失水量乘以 2,即得 API 失水量的近似值;泥饼厚度也乘以 2。

3. 注意事项

(1)熟练使用三通阀,以免实验失败或出现危险。

(2)往钻井液杯放滤纸时,不要打湿滤纸,以免影响测量结果的准确性。

(3)密封圈要放好。

4.3.5　钻井液中含砂量的测定

钻井液中含砂量是指钻井液中不能通过 200 号筛网(相当直径大于 0.074 mm)的砂

子体积的百分比。

1. 测量仪器

如图4.9所示,仪器由过滤筒、漏斗和玻璃量筒组成。过滤筒中间装有铜筛网,规格为200孔/in,即80孔/cm,量筒的最小分度为0.2 mm。

图4.9 含砂量测定仪

1—玻璃量筒;2—过滤筒;3—漏斗

2. 测量步骤

先在玻璃量筒中装入定量钻井液(20～40 mm),再加一定比例的水,用手指盖住筒口,将钻井液和水摇匀,慢慢倒在过滤筒内,边倒钻井液边用水冲洗,为加快过滤速度,可摇晃过滤筒,直至钻井液冲洗干净,网上仅存砂子为止。套上漏斗倒置过滤筒,把漏斗口插入玻璃量筒口内,用水将筛网上附着的砂子全部冲到量筒里,等砂子沉到底部细管后,读出含砂量的容积,计算其占钻井液体积的百分比。

3. 注意事项

(1)加入玻璃量筒中的钻井液和水的总体积最好不超过160 ml,以免影响摇晃。

(2)用水冲洗过滤筒中的钻井液时,水要四周冲,同时水不宜过多,以免水溢出把砂子带跑。

4.3.6 钻井液中固相含量的测定

钻井液的许多性能,如密度、黏度、切力在很大程度上取决于固相的类型和含量。固相的类型和含量还是影响钻井速度的主要因素,因此,固相控制在钻井液工艺中占有突出的地位。钻井液中各种固相(如黏土、钻屑、重晶石等)的含量数据是固相控制的依据,因此钻井液固相含量的测定无疑是十分重要的。

钻井液的固相含量和液相含量可以用蒸馏器来测量。把一定体积的钻井液试样放在一个耐腐蚀的容器中,加热使其液相成分完全蒸发。蒸汽经过冷凝器,用一个带有刻度的量筒收集蒸馏出的液体,从而测定出液相的体积。悬浮的、溶解的固相总含量,可以从钻井液体积与液相体积的差值而得到。

1. 测定仪器

钻井液固相含量测定仪如图 4.10 所示。

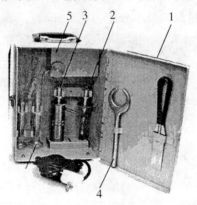

图 4.10 固相含量测定仪

1—箱体;2—加热棒;3—蒸馏器;4—托夹;5—冷凝器;6—量杯

2. 测量步骤

(1)拆开蒸馏器,放平钻井液杯,将搅拌好的钻井液倒入杯中倒至差点将满。

(2)轻轻地将钻井液杯盖放置杯口,让多余的钻井液从螺孔溢出,将溢出的钻井液揩净,此时杯内的钻井液为 20 ml。

(3)轻轻地抬起杯盖,滑动盖子,将黏附在盖底面上的钻井液刮回到钻井液杯中。

(4)向钻井液杯中加入 3~5 滴抗泡沫剂,以防止蒸馏过程中钻井液溢出,然后拧上套筒。

(5)将加热棒旋紧在套筒上部(注意加热棒要竖直,勿使钻井液从引流管处溢出)。

(6)将加热棒插头插入电源接头(注意蒸馏器必须竖直)。

(7)在仪器箱后,将蒸馏器引流管插入冷凝器侧端孔内,且紧抵导流管,放置稳定,将一清洗干净的量筒夹在冷凝器导流管口处收集冷凝液。

(8)将电源插头上电源(220 V,交流),进行蒸馏,且记时间。

(9)通电 3~5 min,第一滴馏出液馏出,其后连续蒸馏,直至钻井液被蒸干,不再有馏出液,拔下电源插头,切断电源。蒸馏时间需 20~40 min。

(10)记下量筒内馏出液(水或油与水)的体积数,若馏出液为水与油,且分层不甚清晰,可向内加入 1~3 滴破乳剂。

(11)用环架套住套筒上部,将蒸馏器与冷凝器分开,拔下电源接头,将蒸馏器淋水冷却(注意勿使水淋在加热棒上)。

(12)大部分固相成分残留在钻井液杯内,很少量附着在加热棒上和套筒内壁上,取下加热棒,用刮刀刮净钻井液杯,加热棒及套筒上固相成分,勿使有失,然后以精确天平称重,算出固相质量分数或体积分数。

（13）冲洗蒸馏器和冷凝器孔,擦净加热棒,然后将其风干,放好。

3.注意事项

（1）蒸馏时要严格控制时间,蒸干即可,不宜过长,以利于延长加热棒使用寿命,一般蒸馏 30 min 即可达到最高温度（600℃左右）。

（2）加热棒内的电烙铁蕊易坏,拿时应轻取轻放,不可碰击硬物或摔掉在地上,以免电阻丝断掉。

4.3.7　钻井液静切力的测定

钻井液的静切应力指钻井液的凝胶强度,其大小是指使钻井液开始流动的最低切应力,单位为"Pa"。

切力计是测定钻井液静切力的一种辅助仪器（在第 3 章第 3 节中已介绍）。它由一个长 89 mm,内径为 36 mm,重 5 g 的硬铝筒和标有静切力单位的刻度尺及试样杯组成。读数可由刻度尺上直接读出,但此读数不能与直读式黏度计所测得的结果相比。

1.测量仪器

（1）ZNQ 型浮筒切力计,如图 4.11 所示。

（2）电动搅拌器等。

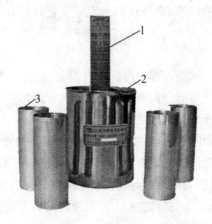

图 4.11　切力计
1—刻度尺;2—泥浆杯;3—浮筒

2.测量步骤

（1）将 500 cm³ 搅拌好的钻井液倒入试样中（钻井液面对齐刻度的零线）,静止 1 min,把浮筒沿刻度尺垂直向下送至与钻井液面接触时,轻轻松手,浮筒下降。待静止时,读出浮筒上端所指刻度值,即为初切刀 θ_1。

（2）取出浮筒,洗净晾干,重新搅拌试样杯中的钻井液,将钻井液倒入试样杯中静放

10 min,测切力,即为终切力 θ_{10}。

3.注意事项

(1)测量时要防止振动,勿使浮筒和刻度尺接触。

(2)保护好浮筒,以免碰坏或卷边。

4.4　油井水泥应用性能测定

油井水泥在规定压力与温度条件下,从搅拌开始至水泥浆稠度达到 100 个稠度单位(Bc,伯登)时所需要的时间,称为水泥浆的稠化时间。它是模拟现场注水泥过程所得到的室内实验值,即从混拌水泥浆开始计起,直到水泥浆沿套管到达井底,而后由环空返至预定的高度为止的全部时间。在固井时,为了保证有绝对安全的泵入时间,避免"灌香肠"等事故,必须对使用的水泥浆进行稠化时间实验。

4.4.1　实验目的

(1)通过实验掌握油井水泥浆密度、流变性能的测定方法,掌握有关仪器的使用方法,对油井水泥浆基本性能的指标范围有一定的认识。

(2)通过实验掌握水泥浆稠化时间的测量方法及常压稠化仪的操作方法,了解常用油井水泥的稠化性能与有关标准,充分认识水泥浆稠化时间对固井作业的重要性。

4.4.2　实验原理

(1)YM 型钻井液密度计是不等臂杠杆测试仪器。杠杆左端为盛液杯,右端连接平衡筒。当盛液杯盛满被测试液体时,移动砝码使杠杆主尺保持水平的平衡位置,此时砝码左侧边所对应的刻度线就是所测试液体的密度。

(2)六转速黏度计是以电动机为动力的旋转型仪器。被测试液体处于两个同心圆筒间的环形空间内。通过变速传动外转筒以恒速旋转,外转筒通过被测试液体作用于内筒产生一个转矩,使同扭簧连接的内筒旋转了一个相应角度。依据牛顿定律,该转角的大小与液体的黏度成正比,于是液体黏度的测量转变为内筒转角的测量。反应在刻度盘的表针读数,通过计算即为液体黏度、切应力。

(3)水泥浆常压稠化仪中有一带固定浆叶的可旋转的水泥容器。浆杯由电机带动以 150 r/min 的转速逆时针转动,浆杯中的水泥浆给予浆叶一定的阻力。这个阻力与水泥浆的稠度变化成比例关系。该阻力矩与指示计的弹簧的扭矩相平衡,通过指针在刻度盘上指示出稠度值。

4.4.3　实验仪器

实验仪器包括:电子天平、恒速搅拌器、钻井液密度计、六速旋转黏度计及油井水泥常压稠化仪。

4.4.4 实验步骤

1.实验前准备工作

标定常压稠化仪(图4.12)指示计实验前,应当在标定装置上对指示计进行标定。将铜套圈装在指示计上方;缺口对准指示计销轴,尼龙线一端系在指示的销轴上,另一端沿铜套圈沟槽绕一周,然后再沿滑轮的沟槽引下与吊钩连接。标定时,在吊钩上装上砝码,读出指示计数值。然后将吊钩、砝码用手托起,使指示计指针回到零。接着松手让吊钩、砝码慢慢落下,读数。如此反复几次,取平均值。

图4.12 常压稠化仪

2.配制水泥浆

将数据填入表4.5中。

表4.5 标定数据表

砝码/g	50	100	150	200	250	300	350	400
水泥浆稠度/Bc								

配制水泥浆之前必须确定水灰比。合理的水灰比是保证水泥环具有足够的抗压强度和水泥浆良好的可泵性的前提。当水灰比过大时,水泥浆难以搅拌和泵送,在环空流动将产生很高的摩擦阻力。若遇渗透性好的低压井段,则产生压差滤失,使水渗入地层,造成憋泵事故。水灰比过小,水泥环将达不到要求的抗压强度。API标准推荐的水灰比见表4.6。

表4.6 API的水灰比标准

水泥级别	A	B	C	D	E	F	G	H
浆体密度/$(g \cdot cm^{-3})$	1.87	1.87	1.78	1.97	1.96	1.94	1.895	1.974
水灰比	0.46	0.46	0.56	0.38	0.38	0.39	0.44	0.38

(1)按实验室要求的水灰比计算水泥和水的质量(如水灰比为0.5);

(2)在天平上称取1 400 g水泥,用量筒取相应的水量700 g;

(3)若使用外加剂,则将称好的外加剂放入水中搅拌(如加入2%的促凝剂氯化钙);

(4)将量出的水倒入搅拌器的杯内,启动搅拌机,调节转数为4 000 r/min。将称出的干水泥在15 s内加入水中。然后调节搅拌器转数为12 000 r/min,继续搅拌35 s。

3.测定水泥浆的密度

(1)将水泥浆倒入样品杯,边倒边搅拌,倒满后再搅拌25次,除去气泡;

(2)盖好盖子,并洗净从盖中间小孔溢出的水泥浆;

(3)用滤纸或面巾纸将密度计上的水擦干净;

(4)将密度计放在支架上,移动游码,使游梁处于平衡状态;

(5)读出游码左侧所示的水泥浆密度值;

(6)测定完毕,将样品杯中的水泥浆倒掉,用水彻底清洗各部件并将其擦干净。

4. 测定水泥浆的流变参数

液体的流变性是指液体在外力作用下所产生的流动和变形特性,或作用于流体的层间剪切应力与液体变形(流动)的特性。

(1)检查仪器各转动部件、电器及电源插头是否安全可靠。

(2)向左旋转外转筒,取下外转筒。将内筒逆时针方向旋转并向上推与内筒轴锥端配合。向右旋转外转筒,转上外转筒。

(3)接通电源 220 V/50 Hz。

(4)拉动三位开关,调至高速或低速挡。

(5)仪器转动时,轻轻拉动变速杠的红色手柄,根据标示变换所需要的转速。

(6)将仪器以 300 r/min 和 600 r/min 转动,观察外转筒不得有摆动。如有摆动,应停机重新安装外转筒。

(7)以仪器 300 r/min 转动,检查刻度盘指针零位是否摆动。如指针不在零位,应参照仪器校验的"空载零位校验"。

(8)将刚搅拌过的钻井液倒入样品杯内至刻度线处(350 ml),立即置于托盘上,上升托盘使杯内液面达到外筒刻度线处。

(9)迅速从高速调整到低速进行测量,待刻度盘的读数稳定后,分别记录各速度梯度下的读数。对其他触变性流体应在固定速度梯度下,剪切一定时间,取最小的读数为准;也可以采用在快速搅拌后,迅速转为低速进行读数的方法。

(10)样品的黏度、切应力等测试和计算参照"数据测试及计算"进行。

(11)测试完毕后,关闭电源,松开扳板手轮,移开样品杯。

(12)轻轻卸下外转筒,并将内筒逆时针方向旋转,垂直向下用力,取下内筒。

(13)清洗外转筒,并擦干,将外转筒安装在仪器上,清洗内筒时应用手指堵住锥孔,以免赃物和液体进入腔内,内筒单独放置在箱内固定位置。

5. 测定水泥浆的稠化时间

将实验数据填入表 4.7 中。

表 4.7　黏度计读数

转速/(r·min⁻¹)	3	6	100	200	300	600
黏度计读数						

（1）将浆杯轻轻放入杯套内，使浆杯、杯套的缺口对齐。

（2）打开总电源开关。按照实验中升温方案的初始值，设置温度拨码式调节器的下一排数字。然后接通加热器电源。在温度完全稳定后，再进行下列步骤。

（3）将调整好的指示计倒置，装上浆叶。

（4）将配好的水泥浆小心地倒入浆杯，直到水泥浆与杯内壁上的刻度线相平。

（5）接通电机电源，电机带动浆杯转动。同时记下开机时间。

（6）每隔一定时间记录时间和稠度值，数据填入表4.8中。当指示计指针指到预定数值的时候，关闭电机电源。

（7）关闭加热器电源。取出指示计和浆杯，注意浆杯温度较高，切勿烫伤。

（8）将水泥浆倒入桶内。用水冲洗浆杯和浆叶，擦干并涂上油脂，放在仪器右侧。

表4.8 稠度值记录

时间/min	0	5	15	20	25	30	35	40	45	50	55	58	60
稠度/Bc													

4.4.5　流变参数计算

1. 流变模式判别

流变模式判别如下

$$F = (\theta_{200} - \theta_{100})/(\theta_{300} - \theta_{100})$$

式中　F——流变模式判别系数，无量纲；

$\quad\quad\theta_{300}$——转速为 300 r/min 时的仪器读数；

$\quad\quad\theta_{200}$——转速为 200 r/min 时的仪器读数；

$\quad\quad\theta_{100}$——转速为 100 r/min 时的仪器读数。

当 $F = 0.5 \pm 0.03$ 时，选用宾汉模式，否则选用幂律模式。

2. 宾汉模式

宾汉模式如下

$$\eta_{\mathrm{p}} = \theta_{600} - \theta_{300} \times \tau = 0.511(2\theta_{300} - \theta_{600})$$

式中　η_{p}——塑性黏度，Pa·s；

$\quad\quad\tau$——动切应力，Pa；

$\quad\quad\theta_{600}$——转速为 600 r/min 时的仪器读数。

3. 幂律模式

$$n = 3.32\lg\left(\frac{\theta_{100}}{\theta_{300}}\right) \times k = 0.511\theta_{300}/511n$$

式中　n——流性指数，无量纲；

k——稠度系数, $Pa \cdot s^n$。

4.4.6 实验报告

1. 简述实验目的及实验原理。

2. 处理实验数据(计算水泥浆流变参数、绘制水泥浆稠化时间曲线)。稠化实验温度条件如表4.9所示。

表4.9 稠化实验温度条件(API 标准)

深度/m	井底静温/℃	套管注水泥/℃	挤水泥作业/℃	尾管注水泥/℃
305	35.0	27	32	31.7
610	43.3	33	37	32.8
1 220	60.0	40	47	40
1 830	76.7	45	58	45
2 440	93.3	52	71	62
3 050	110.0	62	86	62.2
3 660	126.7	78	101	78
4 270	143.3	97	117	97
4 880	160.0	120	133	120
5 490	176.7	149	149	149
6 100	193.3	171	—	171

3. 思考:

(1)为什么要经常标定指示针?

(2)常压稠化仪与高温高压稠化仪的不同作用是什么?

油井水泥浆性能实验

实验日期_____ 班级_____ 姓名_____ 同组者_____

(1)实验目的。

(2)实验仪器、设备。

(3)实验数据。

实验数据填入表4.10、表4.11 中。

水泥级别_____;水灰比_____;水泥浆密度_____;设备号_____

表 4.10　黏度计读数

转速/(r · min^{-1})	3	6	100	200	300	600
黏度计读数						

表 4.11　稠度值记录

时间/min	0	5	15	20	25	30	35	40	45	50	55	60
稠度/Bc												

(4)绘制实验曲线。

第5章

采油工程实验

5.1　自喷与气举实验

5.1.1　实验目的

在模拟垂直井筒中观察气、液两相的流态变化,在管长、管径、沉没度不变的条件下,研究气举管的工作效率与气体流量的关系,进一步了解垂直管内气、液流动结构及气体膨胀能做功原理,从而加深理解自喷、气举采油的基本原理。当油层能量不足以维持油井自喷时,为使油井继续生产,人为地将天然气压入井底,使原油喷出地面,这种采油方法称为气举采油法。对自喷采油,掌握油井自喷的流程、能量供给与消耗、气液流动的几种形态、观察滑脱现象、实测 $Q - V$ 曲线等;对气举采油,掌握气举采油的原理、气举实验流程、能量的供给与消耗、观察气举阀的启动过程等并进行气举效率分析是本实验的目的。

5.1.2　实验原理

1. 油井自喷原理

在自喷井生产系统中,原油从地层流到地面分离器,一般要经过4个基本流动过程:从油层到井底的流动——油层中的渗流;从井底到井口的流动——油管中的流动;通过油嘴的流动——嘴流;从井口到分离器的流动——地面管线中的流动。在整个生产系统中,油井之所以能够自喷,主要有如下两个能量来源:

(1)井底流压:依地层的压能将油层中的原油驱到井底后,还具有一部分剩余能量(即井底流压)来举升原油。

(2)气体在油管中膨胀的能量:原油中的溶解气,随着井筒中压力的降低逐步从油中分离出来,同时在上升过程中不断膨胀,推动原油在油管中上升。

在以上能量的作用下,在举油的过程中克服了各种摩擦阻力、液柱压力及滑脱损失等,把原油源源不断地举升到地面。当井底压力高于饱和压力而井口压力低于饱和压力时,油流上升过程中其压力低于饱和压力后,油中溶解的天然气开始从油中分离出来,油管中便由单相液流变为油气两相流动,从油中分离出的溶解气不断膨胀并参与举升液体,油气在上升的过程中随着压力的降低,在油管中的分布状态不同,其流动规律也不相同。生产中最常见的垂直向上的油气两相管流的流型有纯油流、泡流、段塞流、环流和雾流。

2. 气举原理

气举采油的原理是依靠从地面注入井内的高压气体与油层产出流体在井筒中的混合,利用气体的膨胀使井筒中的混合液密度降低,从而将井筒内流体举出。由于气举时启动压力很高,且启动压力和工作压力的差值较大,在压缩机的额定工作压力有限的情况下,为了实现气举就需要设法降低启动压力。降低启动压力的方法很多,其中最常用的是在油管柱上装设气举阀。气举阀是由储气室(内充氮气)、波纹管(带动阀杆运动,使阀打开或关闭)、阀杆、阀芯、阀座等部件组成,如图 5.1 所示。气举阀实质上是一种用于井下的压力调节器,它主要利用波纹管受压后能够产生相应位移这一特性制作而成。气举阀在井下,储气室充氮气后的压力作用于波纹管上,使与阀杆连接的阀坐于阀座上,外部压力油压通过气孔作用于阀芯上,套压作用于波纹管上。当外部总压力大于储气室压力时,则波纹管被压缩,阀芯也随之上移离开阀座,阀孔被打开,外部气体压力即可通过阀孔进入油管中,以实现气举采油;当外部总压力小于储气室压力时,阀坐在阀座上将阀孔封死。

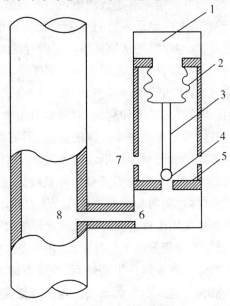

图 5.1　气举阀结构示意图

1—储气室;2—波纹管(封包);3—阀杆;4—阀芯;

5—阀座;6—气孔;7—套压;8—油压

5.1.3　实验内容

（1）了解并掌握自喷、气举采油的基本工作原理。

（2）观察垂直管内气、液两相流的流态。观察垂直管内气、液两相流的流态：纯油流、泡流、段塞流、环流及雾流。观察了解气、液在垂直管内流动过程中由于气体运动速度大于液体运动速度以及黏度、密度不同而引起的滑脱现象。

（3）绘制气、液产量关系曲线。实验模拟井的气、液产量，绘出该井气、液产量关系曲线，即 $Q-V$ 曲线，并对所做的气量与液量的关系曲线作出解释。

（4）了解气举阀的结构、用途及工作原理。

5.1.4　实验方法与步骤

1. 自喷实验

（1）观察气液混合物的流动形态。

在检查各罐、各管线、流量仪表、压风机均处于完好的状态下，向沉降罐内加水，并加入示踪剂，打开和关闭相应的阀门，使油井处于自喷状态，给井筒提供一定高度的静液面，当 $P_{井口}>P_{饱和}$ 时，液体沿井筒上升至井口是靠井底压力即静水压头的作用，此时只有纯液体在管内流动，即为纯油流。在实际生产中，井口压力都是低于饱和压力的，因此启动压风机，慢慢开启气动定值器，当井底刚刚有小气泡出现时即为泡流，此时液相为连续相，气相只以小气泡状态分散于液相中，气泡所占垂直管断面比值很小，流速也不高；当气体运动速度大于液体运动速度时，气泡很容易从液体中滑脱而过，称为滑脱现象。滑脱现象引起的能量损失称为滑脱损失。继续开启气动定值器增加气量，小气泡合并成大气泡，直到能占据整个垂直管断面时，油管中将出现一段液、一段气的段塞状结构，这时气体顶推液体上升，气体的膨胀能量得到较好的发挥和利用，对液相有很大的举升力，这种流态是自喷井中的主要流动结构。气体段塞很像一个破漏的柱塞，不可能将其上面的液体全部举升上去，此时，摩擦损失因流速增大而增加。继续增大气量，气体段塞不断伸长，逐渐从井筒中央突破，井筒中心形成连续气流，而四周管壁为环状液流，称为环流。环流时气流上升的速度增大，气体靠它与液体之间的摩擦携带举升液体上升，此时气体携带液体的能力仍很高，滑脱损失降低，摩擦损失因流速上升而增大。继续增大气量中心气柱将完全占据其井筒断面，此时液流以极细的液滴分散于气柱中，气相为连续相，而液相为分散相，气体的膨胀能量表现为以很高的流速将液体携带到地面，此流态称为雾流。雾流流态时摩擦损失很大，滑脱损失因气、液相对速度不大而较小。垂直管流实验设备流程图如图5.2所示，5 种流型如图 5.3 所示。观察结束停止供气。

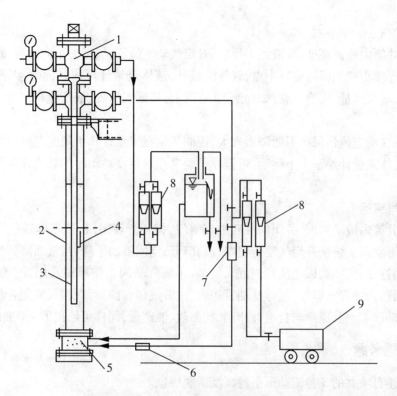

图 5.2　垂直管流实验设备流程图

1—井口装置;2—有机玻璃套管;3—有机玻璃油管;4—气举阀;5—井底装置;
6—液体止回阀;7—自喷气动定值器;8—玻璃转子流量计;9—空气压缩机

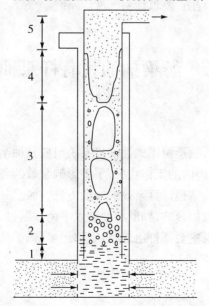

图 5.3　油气沿井筒喷出时的流型变化示意图

1—纯油流;2—泡流;3—段塞流;4—环流;5—雾流

（2）测气、液产量的操作。

调整井筒内液面高度，待液面平稳后，开启气动定值器，气量由小向大慢慢增加，井筒内刚刚有连续小气泡即可测第 1 点，气体流量计，液体流量计可同时读数，再慢慢开启气动定值器，增大气量，测第 2 点，如此测 10 点以上，根据实测气、液产量即可绘出 $Q-V$ 曲线。

注意：气动定值器每次不能调得太大，控制气量在流量计 0.4 刻度左右。由于气体流量波动，气体流量计浮子上下跳动，可读浮子经常在某刻度跳动时的数值或浮子上下跳动的平均值。

2. 气举实验

调整井筒内液面高度，关闭向井底进气闸门，打开套管闸门，使气体通过套管闸门进入油套环形空间。慢慢开启气动定值器，油套环形空间液面下降，当液面降到气举阀以下时，气举阀打开，气举阀以上油管内混入气体，了解气举阀工作原理及用途。继续增加气量，使液面达到油管管鞋处，气体从油管进入，举升液体，此时可观察气液混合物在油管中的各种流动形态。其原理与自喷井相同，如测气、液产量，同样可绘出 $Q-V$ 曲线。

5.1.5 思考题

1. 简述自喷井的 5 种流动形态特征及滑脱现象。

2. 根据实测数据（数据要列表），绘制 $Q-V$ 曲线，并根据曲线分析在自喷（或气举）采油中，选择油井的合理工作制度时应如何充分利用气体能量？

3. 绘出模拟井实验流程图，要求标明气液流路线。

第 2 节 游梁抽油机有杆泵抽油实验

5.2.1 实验目的

掌握有杆泵工作原理，熟悉游梁式抽油机系统组成及抽油装置、各部件结构名称及工作原理。观察模拟泵在井筒内的工作状况，了解影响泵效的各种因素，尤其是气体对泵效的影响及气锚的分离效果，掌握计算泵效的一般方法，确定泵效。实测在不同条件下沉没度、产液、产气、冲次对泵效的影响，判断抽油装置平衡。通过学生动手拆卸、组装杆式泵、管式泵，熟悉并掌握有杆泵主要部件组成、各零部件名称、结构及工作原理。

5.2.2 实验内容

1. 抽油机工作原理

有杆泵抽油是三大采油方法之一。其中游梁式有杆泵采油方法以其结构简单、适应性强和寿命长等特点,成为目前最主要的机械采油方法。本实验装置以抽油机、抽油杆和抽油泵"三抽"设备为主的抽油系统组成。其工作过程是:由动力机经传动皮带将高速的旋转运动传递给减速箱,经三轴两级减速后,再由曲柄连杆机构将旋转运动变为游梁的上下摆动,挂在驴头上的悬绳器通过抽油杆带动抽油泵柱塞做上、下往复运动,从而将原油抽汲至地面。抽油装置示意图如图 5.4 所示。

2. 抽油泵工作原理

抽油泵是有杆泵抽油系统中的主要设备,主要由工作筒(外筒和衬套)、柱塞及阀(游动阀和固定阀)组成。泵的活塞上、下运动一次称为一个冲程,可分为上冲程和下冲程。活塞在上、下死点间的位移称为活塞冲程。每分钟内完成上、下冲程的次数称为冲次。在一个冲程过程中抽油泵完成一次进液和排液的过程。在上冲程中,抽油杆柱带动活塞向上运动,活塞上的游动阀受管内液柱压力作用而关闭,泵内压力随之降低,固定阀在沉没压力与泵内压力构成的压差作用下,克服重力而被打开,原油进泵而井口排油。在下冲程中,抽油杆柱带动活塞向下运动,固定阀一开始就关闭,泵内压力逐渐升高,当泵内压力升高到大于活塞以上液柱压力和游动阀重力时,游动阀被顶开,活塞下部的液体通过游动阀进入活塞上部,泵内液体排向油管。

3. 气锚分离原理

气锚的作用是在井下流体进入泵前将部分气体分离出来,减小气体对泵的影响,提高泵效。气锚装在泵的入口处,在油进入泵前将其中的部分气体分离出来,减少进入泵筒内的气量。气锚的原理是利用油气的密度差以及回流效应来分离油气的。在沉降式气锚中,当柱塞上行时,由于抽吸和管外液柱压力作用,油和气进入锚内,由于油气密度的差异,气体大部分上浮于气锚的上端,而液体则沉降于气锚的下端。当柱塞下行时,由于泵的阀被关闭,气锚内液体处于静止状态,这部分上浮的气体自气锚上端的排气孔跑出,进入管外油套环形空间,而脱气原油自气锚中心管的下开口被吸入到泵腔内,从而达到防止气体进泵、提高泵效的目的。

5.2.3　实验步骤

1. 熟悉实验原理及流程

在检查电源、气源、水源各管线接头均处于完好的状态下,向供液瓶内加水,给井筒提供一定的液面高度。在检查抽油机无卡阻,且无人触及抽油机旋转部件的情况下启动抽油机,柱塞在井筒内做上、下往复运动,此时注意观察柱塞在上、下冲程中游动阀、固定阀的开关情况、柱塞漏失情况,了解本模拟井影响泵效的因素。

2. 测冲程和冲次

钢卷尺、秒表、测抽油机驴头上下死点光杆的距离,即冲程高度 S,再用秒表测抽油机每分钟上、下往复运动的次数,即冲数 n。

3. 观察泵的工作情况

实测无气体、无气锚泵的排量,观察泵的工作情况。将出液管放入量瓶内,启动抽油

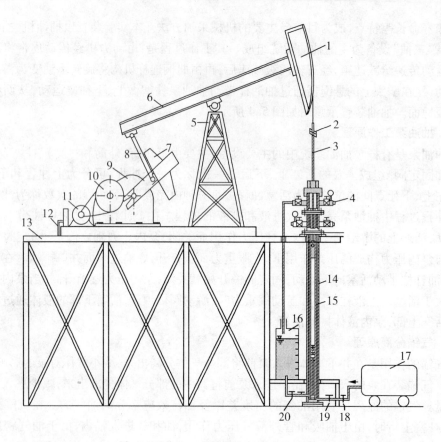

图 5.4　抽油装置示意图

1—驴头；2—悬绳器；3—光杆；4—井口装置；5—支架；6—游梁；7—曲柄平衡块；
8—连杆；9—减速箱；10—减速箱皮带轮；11—动力机(电动机)；12—刹车装置；
13—底座；14—套管；15—油管；16—供液瓶；17—空气压缩机；18—进气控制阀；
19—止回阀门；20—进液阀门

机,以出液管排出液体开始计时,当抽出液体达到量瓶刻度时停止计时,关闭抽油机,将量瓶内液体倒回供液瓶内。

4. 观察气体对泵效的影响

实测有气体、无气锚的排量,观察气体对泵效的影响,启动压风机,给井筒内送入气体,调整气量平稳后启动抽油机,测量方法同 3。

5. 观察气锚防气效果

实测有气体、有气锚时泵的排出量,观察气锚的防气效果。起出油管及泵,安装气锚,将油管下入井筒中,保持气量不变的情况下测数据,测量方法同 3。

以上实测数据要求不同条件下每组均测 3 次,记录实测时间 t_1,t_2,t_3,将实测数据列入表中,取 3 次平均数值 t 作为计算泵效的数据。

6. 泵效的定义及计算

实测泵效表示泵的实际排量与理论排量的比值,即

$$\eta = \frac{Q}{Q_t} \qquad (5.1)$$

可写成

$$\eta = \frac{Q}{1\,440 \cdot A_p \cdot S \cdot n} \qquad (5.2)$$

式中　Q——泵的实际排量,m^3/d;

　　　Q_t——泵的理论排量,m^3/d;

　　　A_p——泵的柱面积,m^2;

　　　S——冲程,m;

　　　n——冲次。

7. 了解泵的类型及工作原理

拆卸、组装管式泵、杆式泵,了解和掌握各零部件功能及工作原理,了解管式泵与杆式泵在结构上有何不同及各自的适应条件。抽油泵结构示意图如图 5.5 所示。

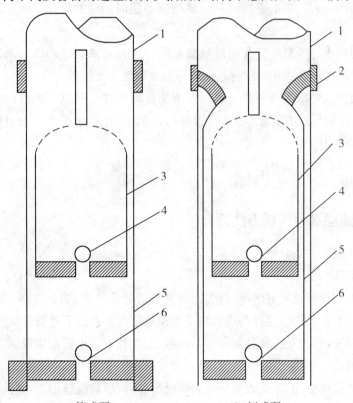

(a)管式泵　　　　　　　　　　(b)杆式泵

图 5.5 抽油泵结构示意图

1—油管;2—锁紧卡;3—活塞;4—游动阀;5—工作筒;6—固定阀

5.2.4　思考题

1. 分析影响泵效的因素(本实验井),并提出提高泵效的措施。
2. 绘图并说明管式泵各零部件名称及泵的工作原理。
3. 对测定的泵效 η 值进行对比、分析,并加以说明。
4. 泵在上、下冲程中是否都有排量?排量是否一样?为什么?

5.3　水力压裂电模拟实验

5.3.1　实验目的

(1)掌握利用水电相似原理及相似准则建立水力压裂电模拟模型的方法。

(2)学会测量硫酸铜溶液电阻率的方法。

(3)学会利用水力压裂电模拟模型测量均质地层时的油井产量、地层压力及绘制等压线的方法。

(4)学会利用水力压裂垂直井电模拟模型测量压开水平裂缝和压开垂直裂缝(垂直单翼裂缝、垂直双翼裂缝)时油井产量、地层压力及绘制等压线的方法。

(5)学会利用水力压裂水平井电模拟模型测量垂直井压开垂直裂缝(即垂直裂缝与井轴平行、垂直裂缝与井轴垂直)和水平裂缝与井轴平行时,水平井的油井产量、地层压力及绘制等压线的方法。

(6)学会利用水力压裂电模拟实验数据进行评价(垂直井、水平井)水力压裂增产效果的方法。

5.3.2　研究油层水力压裂方法简介

研究水力压裂的方法较多,主要有以下几种。

1. 物理模拟法

通过建立物理模型进行室内压裂试验,研究裂缝导流能力;进行二维、三维模型试验研究产生裂缝的形态。通常这种物理模拟是模拟地层高温高压下进行的试验,耗资较大,其所得结果有一定的局限性,常受到岩芯条件限制,在技术上也较难实现。

2. 数学模拟法

通过一定的假设条件,建立数学——力学模型、模拟压裂裂缝形态、几何尺寸等,并对模型求解,得到水力压裂有关规律的成果;由于受到地质、工艺的以及生产资料条件的限制与实际有一定差距,多为理论上研究,不过所得结果常具有普通意义。此外,还有用数值模拟来研究裂缝形态的。

3. 电模拟法

水力压裂电模拟技术,早在 20 世纪 40 年代未到 20 世纪 60 年代初被开展起来,J. M. Tinsley、麦克奎尔 – 西克拉等人在此项研究中取得较大成绩与进展。此种方法是利用水电相似原理来研究水力压裂形成的裂缝形态、缝长、缝宽、缝高、传导率、裂缝导流能力以及其他参数与增产倍数之间的关系的,用以指导压裂工艺设计与矿场施工。

用电模拟法研究压裂问题比物理模拟法投资小、应用广泛、实验周期短、准确度高,有普遍指导意义。通过电模拟法采用某些数学、渗流力学与电学、化学等知识,用建立的电模拟模型可定量得到有关水力压裂参数,达到满意的结果。由于受到某些条件限制,研究难度较大。

4. 矿场试验测试法

上述 3 种研究压裂裂缝形态的方法主要是室内试验研究,而矿场试验测试法是直接研究裂缝形态的有效方法之一。

国内外采用的矿场试验测试方法较多,主要有:地震波法、水力压裂模印法、地面电位法、指示剂示踪法、试井法、井温同位素测井法以及超声电视法、井壁崩落法等。这些方法有的还在完善之中,但有一个共性,或受试验条件与经费限制,或受井况、地层、工艺条件限制,或因地应力的复杂性,往往在预测压裂裂缝形态及方位上,其结果有一定的局限性。

5.3.3　实验原理

水力压裂电模拟是以水电相似原理为基础,即在地层中渗流的达西定律与电学中欧姆定律之间建立了良好的类比关系。在含有均质流体的均质多孔介质中稳定流动条件下,储层压力与相似几何条件和边界条件下的均质电解质中的电位分布之间存在着精确的当量类比关系,常称为水电相似原理。

1. 电模拟模型的分类

(1) 液体模型。

电解模型:通常采用某种电解质溶液运用水电相似原理来模拟均质各向同性的多孔介质地层,模拟电阻一般不变。

电位模型:与电解模型类似,在模拟过程中主要强调模拟模型中各类的电位时,被称作电位模型。

(2) 固体模型。

该模型目前研究的还很少,有待今后的发展。该模型主要是利用某种低导电性能物质的粉末,运用水电相似原理,建立一个物理场电模拟模型,来模拟油藏水力压裂规律的模型。

2. 电模拟模型建立的基本原理

（1）水电相似原理。

①Ohm 定律。对电流在导线中流动可用下式表示，即

$$I = -\frac{1}{R_\rho}\frac{\partial E}{\partial X} \tag{5.3}$$

式中　I——电流，A；

R_ρ——比电阻，Ω/m；

ρ—电阻率；

$\dfrac{\partial E}{\partial X}$——电位梯度，V/m。

②Darcy 定律。在多孔介质中流体流动遵循 Darcy 定律，对于单相不可压缩液体稳定渗流模型，由以下两部分组成：

运动方程

$$\overline{V} = -\frac{K}{\eta}\mathbf{grad}\, p \tag{5.4}$$

连续性方程

$$\mathrm{div}(\overline{V}) = 0 \tag{5.5}$$

由于研究的是不可压缩体，不必考虑液体的状态变化，所以不考虑状态方程。式（5.4）、式（5.5）中，$\mathbf{grad}\, p$、$\mathrm{div}(\overline{V})$ 分别表示梯度和散度，K 表示渗透率，μm^2；η 表示液体黏度，$mPa \cdot s$。当式（5.3）和式（5.4）中两式系数 K/η 与 $1/R_\rho$ 成比例时，也就是所要建立的模型的比电阻 R_ρ 与实际地层的 K/η 的关系。

由电阻定律

$$R = \rho \cdot \frac{l}{s}$$

式中　R——电阻，Ω；

l——导体长，m；

S——导线截面面积，m^2；

ρ——电阻率，$\Omega \cdot m$。

由上式得

$$\rho = \frac{R \cdot S}{l} = R_\rho \cdot S \tag{5.6}$$

电导率

$$\sigma = \frac{1}{\rho} = \frac{1}{R_\rho \cdot S} \tag{5.7}$$

采用前国际公认单位制 MKSA（米·千克·秒·安）单位制中 σ 为（西门子/米）S/m。

由 Laplace 方程对于稳定电流 I,对式(5.3)表示为

$$\frac{\partial I}{\partial x} + \frac{\partial I}{\partial y} + \frac{\partial I}{\partial z} = 0 \tag{5.8}$$

对于稳定电压 E

$$\frac{\partial^2 E}{\partial x^2} + \frac{\partial^2 E}{\partial y^2} + \frac{\partial^2 E}{\partial z^2} = 0 \tag{5.9}$$

稳定水头高度 H

$$\frac{\partial^2 H}{\partial x^2} + \frac{\partial^2 H}{\partial y^2} + \frac{\partial^2 H}{\partial z^2} = 0 \tag{5.10}$$

线性床中流动类比模拟

对 Ohm 定律

$$I = \frac{\Delta E}{R} = \frac{\Delta E}{\dfrac{\rho l}{S}} = \frac{S \Delta E}{\rho l} \tag{5.11}$$

式中　ΔE——电位差,V;

其余符号同前。

对 Darcy 定律

$$q = \frac{K \cdot A \cdot \Delta P}{\mu l} \times 0.086\,4 \tag{5.12}$$

式中　q——平面单相流液体流量,m^3/d;

A——平面单向流岩心的截面积,m^2;

ΔP——岩心两端建立的压差,kPa;

l——岩心长度,m;

μ——液体黏度,$mPa \cdot s$;

K——地层渗透率,μm^2;

0.086 4——换算系数。

比较式(5.11)与式(5.12),发现 $I \sim q$,$\Delta E \sim \Delta p$,$\rho \sim \left(\dfrac{K}{\eta}\right)^{-1}$ 有很好的一致性。不难看出,模拟地层的 K/η 与所选用的电解液的电阻率 ρ 成反比关系。

(2)相似关系。

在多孔介质中,不可压缩液体稳定流原理建立电模拟模型必须满足各模拟要素之间的关系。

①几何相似。

所设计的模型各几何参数与地层的对应几何参数的比值必须相同,边界形状相似,严格的几何相似必须满足下面条件,即

$$\frac{(\Delta x)_m}{(\Delta x)_o} = \frac{(\Delta y)_m}{(\Delta y)_o} = \frac{(\Delta z)_m}{(\Delta z)_o} = C_1 \tag{5.13}$$

式中　C_1——几何相似系数；

　　　$\Delta x, \Delta y, \Delta z$——分别为在 x, y, z 方向上的增量；

　　　m, o——分别表示模型和油层。

②运动相似。

实际油层与模型的流场图相似，即两种流场图的几何形状相似。因流动的区域边界均可形成等势（压）线及流线，因而运动相似也必须符合在几何相似的条件下成立。运动相似实质是流动速度与方向相一致，在整个流动区内，两个系统的流速比应相等，即

$$C_v = \frac{V_m}{V_v} = 常数 \tag{5.14}$$

式中　C_v——运动相似系数；

　　　V——表示流速。

③压力相似。

在模拟模型中，两电极之间的电位差与模拟油层相应两点之间的压差之比等于一个定值，即

$$C_p = \frac{(\Delta V)_m}{(\Delta p)_o} \tag{5.15}$$

式中　C_p——压力相似系数；

　　　$(\Delta p)_m$——模拟油层中两点之间的压力差；

　　　$(\Delta V)_o$——模型中对应油层两点的电位差。

④流量相似。

模拟模型与油层的流量相似，即

$$C_q = \frac{I_m}{Q_o} \tag{5.16}$$

式中　C_q——流量相似系数；

　　　I_m——模型中的电流；

　　　Q_o——油层中的流量。

⑤阻力相似。

实际上，当模型与油层之间满足了几何相似，在压力相似和流量相似的条件下，电流的流动阻力与油层中渗流的阻力之间也必然相似。

$$C_r = \frac{R_m}{R_{fo}} \tag{5.17}$$

式中　C_r——阻力相似系数；

R_m——模型中电流流动阻力;

R_{fo}——油层中流体流动阻力。

由 Ohm 定律知

$$\frac{(\Delta V)_m}{I_m \cdot R_m} = 1 \qquad (5.18)$$

再由 Darcy 定律知

$$\frac{(\Delta p)_o}{Q_o \cdot R_{fo}} = 1 \qquad (5.19)$$

由式(5.16)得$(\Delta V)_m = C_p(\Delta P)$,在式(5.18)中,$I_m = C_q Q_o$,又根据式(5.17)可知,$R_m = C_r R_{fo}$。将以上各式代入式(5.18)中,并利用式(5.19),得

$$\frac{(\Delta V)_m}{I_m R_m} = \frac{C_p \cdot (\Delta p)_o}{C_q \cdot Q_o \cdot C_r \cdot R_{fo}} = \frac{C_p}{C_q \cdot C_r} = 1$$

即

$$C_p = C_q \cdot C_r \qquad (5.20)$$

这就证明了压力相似系数等于流量相似系数与阻力相似系数之积。

5.3.4　电模拟实验装置

1. 垂直井水力压裂电模拟实验

(1)垂直井水力压裂电模拟实验装置如图 5.6 所示。

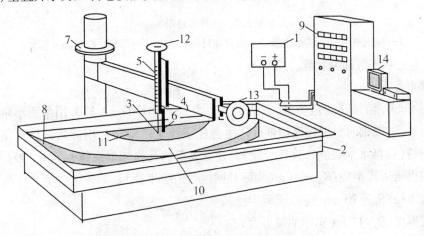

图 5.6　电模拟测量装置示意图

1—直流稳压电源;2—电解槽;3—探针;4—水平测量标尺;5—垂直测量标尺;6—油井;

7—水平旋转角度标尺;8—供给边缘;9—电流、电压数据显示柜;10—$CuSO_4$ 水溶液;

11—水平裂缝模板;12、13—手轮;14—计算机数据采集

(2)用具测量工具及物品。

水平裂缝、垂直双翼裂缝、垂直单翼裂缝模型的模板各两块(任各选 1 块)。测量管 1 个、数字万用表 1 块、游标卡尺 1 个、直尺 1 个、温度计 1 个、取液桶 100 ml 量筒、测量用 50 ml 量筒 1 个、搅拌棒 1 个、金属导线 1 段和一定浓度的硫酸铜溶液。

设计三维机械测量装置。通过水平杆 4,当转动手轮 12 时,可使测量探针 3 在现有深度范围内在经向水平移动,可测得各点参数;若改变转角,通过水平转角度标尺 7 来实现。因此可达到在现有深度条件下,半圆形模型平面内各点参数均可测得。若改变深度时,可通过垂直测量标尺 5 与手轮 13 来实现。于是可达到在实验模型的半圆内各点,使探针所测的参数均可测到。

(3)测量装置电路。

本实验模型的电路示意图如图 5.7 所示。

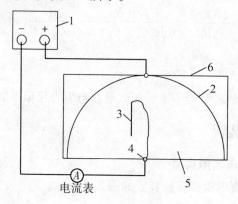

图 5.7   电路示意图

1—稳压电源;2—供给边缘;3—测量探针;4—油井;5—$CuSO_4$ 溶液;6—模型

(4)垂直井模型有关参数。

①基本参数。

采用 $CuSO_4$ 溶液作为电解液,其质量分数为 $CuSO_4:H_2O = 1:350$,用半圆形紫铜薄板模拟供给边缘,镀铂的金属线模拟油井。电源提供稳定的电压。用薄紫铜板来模拟压开地层的裂缝(包括水平裂缝和垂直裂缝)。建立模型的几何相似系数 $C_1 = 1/100$。则:

油层供给边缘半径:$R_m = 70$ m(实际井网供给边缘半径);

模型半径:$R_m = 70$ cm(模拟模型半径);

油层厚度:$H = 11$ m(实际油层厚度);

模型油层厚度:$h = 11$ cm(电解液深度);

油井直径:$\varphi = 0.14$ m(实际油井直径);

模型油井直径:$\Phi = 0.14$ cm(镀铂线直径)。

②电解液的选择。

通常用电解液应具备下列特征:通电后性质不发生变化;电解液电阻率应均匀一致;

电解液的电阻率随长度（距离）基本呈线性变化；在实验所用电压作用下，电解液不起化学反应或很少起反应；在室内空气中蒸发量尽量小；经济，可反复使用。

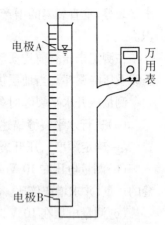

③$CuSO_4$ 溶液电阻率与电导率的测定。

（a）原理：电极测量管测硫酸铜溶液电阻率示意图如图 5.8 所示。根据电阻定律进行测量，测量 $CuSO_4$ 溶液的电阻 R 后，计算 ρ,σ 值。

（b）用具及物品。测量管、万用表、量筒、搅拌棒、直尺、游标卡尺等。

（c）测量方法。将电解槽内 $CuSO_4$ 溶液经搅拌后，用量筒取出，倒入测量管内，并记录两电极之间的距离 l。先调好数字万用表，采用电阻挡，再用万用表测定两极间电阻 R 值。

图 5.8　电极测量管示意图

注意：测电阻时有波动取平均值。测定 3 次，将 3 个选取平均值后再取平均数。

将测量管内电解液倒入量筒内一部分，倒前、后要仔细观察并记录电解液面的高度和量筒内液面高度（即体积数），进而求出测量管内截面积 S。操作 3 次，取平均值。

根据电阻定律 $R = \rho l/S$ 用电磁学常用单位为 MKSA 国际单位制，即：米·千克·秒·安单位制。求出电阻率 $\rho(\Omega \cdot m)$。

根据电导率 σ 与电阻率关系，求出电导率，即

$$\sigma = 1/\rho$$

$CuSO_4$ 溶液电导率随其质量分数及温度变化而变化。通常在温度相同的条件下，其质量分数增加，电导率降低，但不是直线关系；而当质量分数相同时随温度的增高电导率也增大，不过幅度较小。在 $CuSO_4 : H_2O = 1 : 350$ 时，20℃的条件下，$CuSO_4$ 溶液的电导率约为 0.11 ~ 0.16 S/m。

（5）垂直井水力压裂电模拟。

①选择模拟人工裂缝。

选用薄紫铜板作为人造无限导流模拟裂缝，其中水平、垂直裂缝各两块。首先测定人造垂直缝，即紫铜薄板的几何尺寸，包括厚度、长度、宽度及水平裂缝的半径，测量后算出垂直缝半径长与供油半径之比及水平缝半径与供油半径之比。

工具：卡尺、直尺等。

②选择模拟电压。

由于 $CuSO_4$ 水溶液在较高电压下会在阴极电解，因此，实验选择直流电压不易过高，常选择低于 20 V，初选 10 V 左右为佳，也是安全电压。

③任务及要求。

目的：通过实验使学生了解并掌握压裂电模拟的基本原理及方法。测定垂直井压开

水平裂缝、垂直裂缝的增产倍比和地层压力分布等,尽而对压裂增产原理有较明确地认识。

在测定未压裂前均质等厚地层中心有一口采油井情况下,油井产量、压力分布,即等压线及压降漏斗。当地层供给边缘压力每增加10%时,观察油井产量的变化。

测量压开水平裂缝时各项参数:

(a)进行水平裂缝描述,测定水平裂缝的厚度、裂缝半径、缝宽及裂缝在油层中的位置(某一确定深度),压开裂缝半径与供油半径之比。

(b)测量电压在10 V时,未压裂缝时与压开水平裂缝时的增产倍比。测两块水平裂缝的产量,并求增产倍比。再测量当地层压力即电压每增加10%时的增产倍比。

(c)测量电压在10 V时,未压裂缝时与压开水平裂缝时的等压线。

(d)测量地层压力分布,绘制等压线。每隔10°取一组数据,每组测9~10个点,即测电压与距离($v \sim r$)的关系,每个点电压为差为0.3 V,而后定距离。将电压相等点连线就获得不同条等压线。它反映$p \sim r$的关系值。如图5.9所示,r_e为压开水平裂缝半径,R_G为地层供给边缘半径,A点为油井,虚线为等压线。

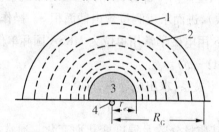

图5.9 压开水平裂缝时的等压线
1—供给边缘;2—等压线;3—水平裂缝;4—油井

测量压开垂直裂缝时各项参数:

(a)进行垂直裂缝的描述,测裂缝厚度、裂缝半长、裂缝高度和裂缝半长与油半长之比。所压裂缝是单翼垂直裂缝、双翼垂直裂缝。

(b)测电压在10 V时,压开单翼垂直、双翼垂直裂缝的增产倍比。

(c)测量地层压力分布,绘出等压线。对单翼垂直裂缝、双翼对称垂直裂缝分别绘制。

垂直裂缝:图5.10为垂直单翼裂缝等压线示意图。要测0°~180°不同角度(共18组)条件下,每10°个角度,测8~9组数据后,绘制等压线图。

双翼缝:图5.11为双翼对称垂直裂缝等压线示意图。要测0°~90°间每隔10°测量一组数据9种角度条件下,各测8~9组数据后,绘制等压线图。

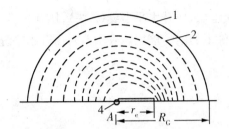
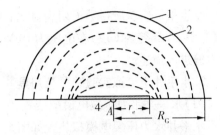

图 5.10　单翼垂直裂缝等压线示意　　　图 5.11　双翼对称垂直裂缝等压线
1—供给边缘;2—等压线;3—单翼裂缝;4—油井　　1—供给边缘;2—等压线;3—单翼裂缝;4—油井

(6)实验步骤与方法。

①均质地层模型。

(a)在未压裂前均质地层中心打一口井条件下,设定供给边缘电压 10 V,测油井产量。
步骤:

调准电路电压,将稳压电源调 10 V,并用数字万用表校准(以下每调一次电压均需校准)。

测电路中电流,即将油井产量,做好记录。

用同样方法测地层压力(电压)增加 10% 时,即 11 V 时,该油井产量,为压裂前产量 Q_o,做好记录,以便进行压裂前后对比。

(b)测均质地层中油井以定产量生产时其等压线分布。

确定等压线的压力间隔,可选 0.3 V,并测出距井筒不同经向距离时的压力值,做好记录,绘出等压线。

根据上述所测压力及距离值,绘出等压线。

②水平裂缝模型。

测水平裂缝增产倍比及等压线。

(a)水平裂缝形状描述。

(b)分别测压开水平裂缝在 10 V、11 V(即地层压力增加 10%)时的油井产量 Q_J 与均质条件下对比计算出此条件下的增产倍比,Q_J/Q_o。

(c)绘制压开水平裂缝时地层等压线,按任务及要求中(2)去做。

③垂直裂缝模型。

(a)测压开单翼垂直裂缝增产倍比 Q_J/Q_v 及等压线。

调电压后测产量 Q_J 与前同,并与均质条件下产量 Q_v 对比,Q_J/Q_v。绘制等压线,按任务及要求中(3)去做。

(b)测压开双翼垂直裂缝增产倍比 Q_J/Q_v 及等压线。

方法步骤参考上面的单翼垂直裂缝相。

④对比分析。

学生根据实验所得数据列表对比。包括均质地层、压开水平裂缝(2 块),压开垂直裂缝(单翼、双翼缝各 1 块)在电压为 10 V、11 V 条件下的增产倍比。表中应对压开水平缝、垂直缝进行描述。

2. 水平井电模拟实验装置及用具

(1)水平井水力压裂电模拟装置。

水平井水力压裂电模拟装置如图 5.12 所示。

(2)用具。

水平裂缝 2 块、垂直裂缝 3 块、其他用品同垂直井。

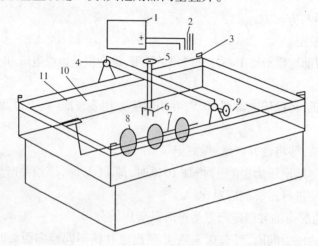

图 5.12　水平井水力压裂电模拟装置示意图

1—稳压电源;2—数据采集线去计算机采集系统;3—行程控制器;4—控制电机;

5—垂向手动操作手轮;6—探针;7—水平井;8—垂直裂缝;9—水平手动操作手轮;

10—硫酸铜电解液;11—矩形供给边缘

3. 测量装置电路

水平井电模拟装置电路如图 5.13 所示。

4. 水平井模型有关参数

(1)基本参数。

相似比为 1:100。

油层供给边缘半径:$R_m = 70$ m(实际井网供给边缘半径);

模型半径:$R_m = 70$ cm(模拟模型半径);

油层厚度:$H = 10$ m(实际油层厚度);

模型油层厚度:$h = 10$ cm(电解液深度);

油井直径:$\varphi = 0.14$ m(实际油井直径);

模型油井直径:$\Phi = 0.14$ cm(镀铂线直径)水平裂缝、垂直裂缝有关参数;

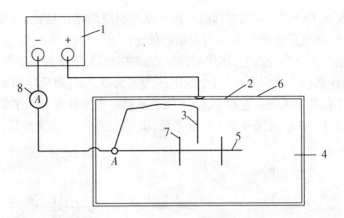

图 5.13 水平井电模拟装置电路示意图

1—稳压电源;2—供给边缘;3—探针;4—$CuSO_4$ 溶液;5—水平井(A 井点);

6—电解槽;7—垂直裂缝;8—电流表

水平井水平段长:$L = 60$ m

模型水平段长:$L = 60$ cm

①水平裂缝模拟板 2 块。

缝长 450 mm;缝宽 450 mm;厚度(模拟紫铜板)0.5 mm 左右(水平或垂直摆放);

②垂直裂缝模拟板 2~3 块。

模拟油藏厚度为 15 m,其余参数同垂直井。

缝长 200 mm;缝宽 200 mm;厚度(模拟紫铜板)0.5 mm 左右(2 块)。

缝长 400 mm;缝高为溶液水深 150 mm;厚度(模拟紫铜板)0.5 mm 左右(1~2 块)。

用具同垂直井(其余参数同垂直井)。

(2)$CuSO_4$ 溶液电阻率与电导率的测定参考垂直井。

(3)水平井水力压裂电模拟。

①选择模拟人工裂缝参考垂直井。

②选择模拟电压参考垂直井。

5. 实验原理

同垂直井时对比,增产倍比和地层压力分布等,尽而对压裂增产原理有较明确地认识。

6. 任务及要求

(1)测定未压裂前均质地层各项参数。

等厚地层中心有一口水平井采油井情况下,油井产量、压力分布,即等压线。观察油井产量的变化。

(2)测量压开水平裂缝时各项参数。

①进行水平裂缝描述,水平井压开水平裂缝示意图如 5.14 所示,测定水平裂缝的厚度、裂缝缝长、缝宽及裂缝在油层中的位置(某一确定深度),压开裂缝长、宽与供油半径之比。

②测量电压在 10 V 时,未压裂缝时与压开水平裂缝的增产倍比,并绘制等压线。再测量当地层压力,即电压每增加 10% 时的增产倍比。

③测量地层压力分布,绘制等压线时,沿井轴方向每隔 5 cm 取一组数据,测 9~10 个点,即测电压与距离 $(v \sim r)$ 的关系,每个点电压为差为 0.3 V,而后定距离。将电压相等点连线就获得不同条等压线。它反映 $p \sim r$ 的关系值。水平井压开水平裂缝示意图如图 5.15 所示。图 5.15 中 r_e 为压开水平裂缝半径,R_G 为地层供给边缘半径,A 点为油井,虚线为等压线。

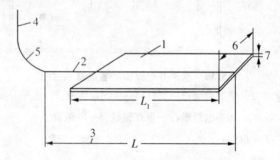

图 5.14 水平井压开水平裂缝示意图
1—水平缝;2—水平段;3—缝长(L_1);4—直井段;5—造斜段;6—缝宽(b);7—缝厚(W)

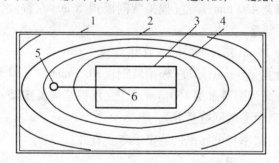

图 5.15 水平井压开水平缝等压线示意图
1—电解槽;2—供给边缘;3—水平缝;4—等压线;5—直井段;6—水平井段

(3)测量压开垂直裂缝时各项参数。

①进行垂直裂缝的描述,压开 2~3 条垂直于井轴的垂直裂缝,测裂缝厚度、裂缝半长、裂缝高度、其与供给边缘半径之比。所压裂缝垂直裂缝形状如图 5.16 所示。

②测电压在 10 V 时,均质地层未压裂时油井的产量。

③测电压在 10 V 时,压开 2~3 条垂直于井轴的垂直裂缝的产量,并求与均质地层未压裂时的增产倍比。

④测量地层压力分布,绘出 10 V 条件下的等压线。

绘制等压线时参见水平井压开水平缝时的做法,取同一深度。

双裂缝:图 5.17 为双裂缝等压线示意图。

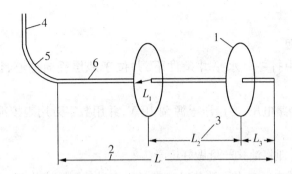

图 5.16 水平井压开垂直双裂缝示意图

1—垂直缝长(L_1);2—水平井段长(L);3—缝间距(L_2);4—直井段;5—造斜段;6—水平段

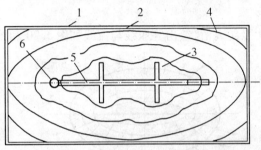

图 5.17 水平井压开垂直双裂缝等压线示意图

1—电解槽;2—供给边缘;3—水平缝;4—等压线;5—直井段;6—水平井段

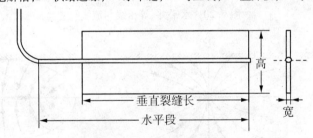

图 5.18 水平井压开垂直裂缝等压线示意图

单裂缝:平行于井轴的垂直单裂缝与双裂缝相似,图 5.19 为单裂缝等压线示意图。

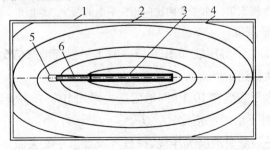

图 5.19 水平井压开垂直单裂缝等压线示意图

1—电解槽;2—供给边缘;3—水平缝;4—等压线;5—直井段;6—水平井段

（4）实验步骤。

①均质地层模型。

（a）均质地层中打一口水平井条件下，井位于地层垂向中心，设定供给边缘电压 10 V，测油井产量。

步骤：调试准电路电压，将稳压电源调 10 V，并用数字万用表校准（以下每调一次电压均需校准）。

测电路中电流，即将油井产量做好记录。

（b）测均质地层中一口水平油井以定产量生产时其等压线分布。

确定等压线的压力间隔，可选 0.3 V，并测出距井筒不同经向距离时的压力值作为记录，绘出等压线。

根据上述所测压力及距离值，绘出等压线与流线如图 5.20 和图 5.21 所示。

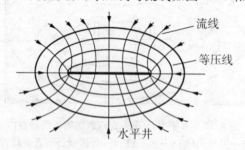

图 5.20　水平井、等压线与流线

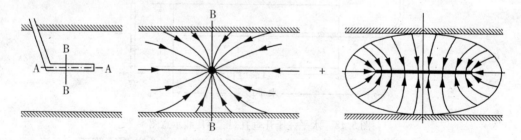

图 5.21　水平井两法向相交平面的两个二维图形

②水平井压开水平裂缝。

水平井压开水平裂缝的等压线如图 5.15。测水平裂缝增产倍比及等压线。

（a）水平裂缝形状描述。

（b）分别测压开水平裂缝在 10 V（即地层压力增加 10%）时的油井产量 Q_J 与均质条件下对比计算出此条件下的增产倍比，Q_J/Q_o。

（c）绘制压开水平裂缝时地层等压线，按任务及要求中(2)去做。

③水平井压开垂直裂缝。

压开垂直裂缝的等压线如图 5.17、图 5.19 所示。

（a）进行垂直裂缝的描述压开 2～3 个垂直裂缝,测裂缝厚度、裂缝半长、裂缝高度供给半径之比,

（b）测电压在 10 V 时,均质地层未压裂时油井的产量。

（c）测电压在 10 V 时,压开垂直裂缝与井轴平行时,产量与均质地层未压裂时的增产倍比。

（d）测量地层压力分布,绘出垂直裂缝等压线。

要求横向（沿井长度方向）每 5 cm 测一条等压线,测 20 组数据后,绘制等压线图（同深度）。

（e）测电压在 10 V 时,压开垂直裂缝与井轴垂直时,产量与均质地层未压裂时的增产倍比。

（f）测量地层压力分布,绘出垂直裂缝等压线。

要求横向（沿井长度方向）每 5 cm 测一条等压线,测 20 组数据后,绘制等压线图（同深度）。

5.3.5　实验报告及要求

1. 实验报告

按大庆石油学院设计型实验报告要求书写各项内容。

2. 实验要求

（1）实验前要真预习实验指导书,才可参加实验。

（2）实验中要注意安全。

5.3.6　思考题

1. 讨论水力压裂电模拟实验的基本理论。

2. 如何利用电模拟实验预测垂直、水平裂缝条件下水力压裂的增产倍数?

参考文献

[1] 翟云芳. 渗流力学[M]. 北京:石油工业出版社,2009.

[2] 陈涛平,胡靖邦. 石油工程[M]. 北京:石油工业出版社,2000.

[3] 何更生. 油层物理[M]. 北京:石油工业出版社,1994.

[4] 杨树人,汪志明. 工程流体力学[M]. 北京:石油工业出版社,2006.

[5] 陈庭根,管志川. 钻井工程理论与技术[M]. 中国石油大学出版社,2000.

[6] 孙学增,李士斌. 岩石力学基础与应用[M]. 哈尔滨工业大学出版社,2011.

[7] 张明昌. 固井工艺技术[M]. 中国石化出版社,2009.

读者反馈表

尊敬的读者：

您好！感谢您多年来对哈尔滨工业大学出版社的支持与厚爱！为了更好地满足您的需要，提供更好的服务，希望您对本书提出宝贵意见，将下表填好后，寄回我社或登录我社网站（http://hitpress. hit. edu. cn）进行填写。谢谢！您可享有的权益：

☆ 免费获得我社的最新图书书目　　　　　　☆ 可参加不定期的促销活动

☆ 解答阅读中遇到的问题　　　　　　　　　☆ 购买此系列图书可优惠

读者信息

姓名＿＿＿＿＿＿＿　□先生　□女士　　年龄＿＿＿＿＿　学历＿＿＿＿＿

工作单位＿＿＿＿＿＿＿＿＿＿＿＿＿＿＿　职务＿＿＿＿＿＿

E-mail ＿＿＿＿＿＿＿＿＿＿＿＿＿＿＿　邮编＿＿＿＿＿＿

通讯地址＿＿＿＿＿＿＿＿＿＿＿＿＿＿＿＿＿＿＿＿＿

购书名称＿＿＿＿＿＿＿＿＿＿＿＿＿＿　购书地点＿＿＿＿＿＿＿＿＿

---

1. 您对本书的评价

内容质量　　□很好　　　□较好　　　□一般　　　□较差

封面设计　　□很好　　　□一般　　　□较差

编排　　　　□利于阅读　□一般　　　□较差

本书定价　　□偏高　　　□合适　　　□偏低

2. 在您获取专业知识和专业信息的主要渠道中，排在前三位的是：

　①＿＿＿＿＿＿　　②＿＿＿＿＿＿　　③＿＿＿＿＿＿

A. 网络 B. 期刊 C. 图书 D. 报纸 E. 电视 F. 会议 G. 内部交流 H. 其他：＿＿＿＿

3. 您认为编写最好的专业图书（国内外）

书名	著作者	出版社	出版日期	定价

4. 您是否愿意与我们合作，参与编写、编译、翻译图书？

＿＿＿＿＿＿＿＿＿＿＿＿＿＿＿＿＿＿＿＿＿＿＿＿＿＿＿

5. 您还需要阅读哪些图书？

＿＿＿＿＿＿＿＿＿＿＿＿＿＿＿＿＿＿＿＿＿＿＿＿＿＿＿

网址：http://hitpress. hit. edu. cn

技术支持与课件下载：网站课件下载区

服务邮箱 wenbinzh@ hit. edu. cn　duyanwell@163. com

邮购电话 0451－86281013　0451－86418760

组稿编辑及联系方式　赵文斌(0451－86281226)　杜燕(0451－86281408)

回寄地址：黑龙江省哈尔滨市南岗区复华四道街 10 号　哈尔滨工业大学出版社

邮编：150006　传真 0451－86414049